Janice Lee's Floral Embroidery

我的第一え
擬真花草刺繡

作者序

　　有一天，我在街頭偶然看見櫥窗裡擺放著一個精緻的刺繡胸針，那清新漂亮的圖案深深打動了我，因此開啟了我的刺繡之旅。我從那時開始學習刺繡，一直創作到現在都未曾停止。

　　幾年前，因為想要親手製作一個禮物送給要好的同事，所以用心繡了一幅作品，希望能將我美好的心意傳達出去，沒想到這個手作小禮竟然廣受好評，後來我就開始創造各種適合當作禮物的花束刺繡作品。

　　帶著想要贈送花束給人的心情，一邊刺繡、一邊想像著收到禮物的人會有多開心，即使沒有高超的刺繡技術，還是能做出非常美麗的作品。

　　我奶奶為兒女在棉被和椅墊上刺繡，我媽媽則用美麗的刺繡裝飾家裡的每個角落。

　　一直以來，我為了繡出水彩畫的質感、為了繡出真花的紋理，做了非常多的努力。我仔細觀察許多花朵，也不斷翻閱圖鑑來學習各種花朵的特色。

　　刺繡不僅充實了我的生活，也豐富了我的心靈，希望能透過本書跟大家分享這樣美好的心情，也祝福大家在刺繡的過程中得到滿滿的喜悅。

Janice Lee

Special thanks to

謝謝我的先生和卓秀智，本書能夠順利出版，是你們給了我滿滿力量。
另外，也感謝為我製作漂亮花藝作品的花藝師洪珉熙。

Contents

Part 3
比真花更動人！
31 款立體花草刺繡全圖解

三款迷你刺繡花框：55

單色芍藥：60

冬日花語：67

粉色立體小花束：72

紫色繡球花：78

黃色迷你花束：85

絕美芍藥小花束：91

異素材粉色花圈：96

藍色毛球花環：103

繽紛玫瑰花籃：109

木棉花花環：115

浪漫珍珠花：122

繽紛小碎花：129

藤編野餐花籃：134

芍藥與非洲菊花籃：141

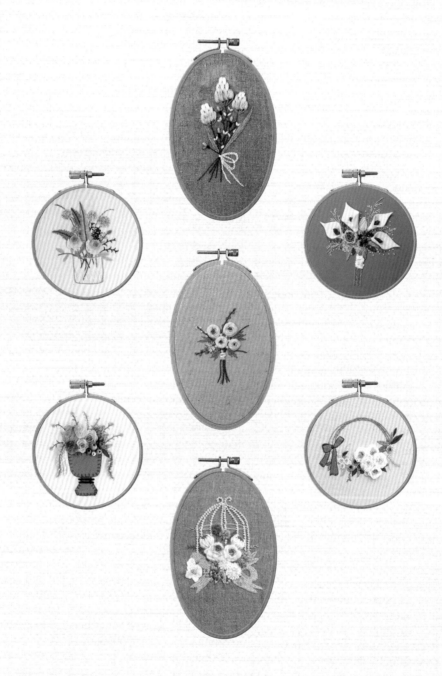

Part
×××
1

刺繡初學者的

事前準備

Basic 01

刺繡工具與材料

1_刺繡框

能將布料固定於刺繡框上,方便刺繡的工具。

刺繡框有多種造型,不僅可以固定布料,也能將完成的作品直接掛在牆上裝飾。

由木頭、塑膠、橡膠等各樣的材質製成。一般來說,最推薦使用尺寸10～12公分的木製刺繡框。

2_刺繡針

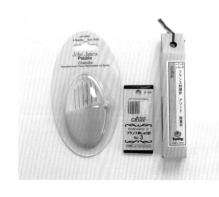

本書皆使用刺繡專用針,包括可樂牌、TULIP、John James等品牌的繡針。數字越小的繡針越大,針孔也越大;而數字越大的繡針越細,針孔也越小。

John James的羊毛刺繡針適合立體刺繡,而TULIP的捲線繡針則方便繡出捲線繡。

3_繡線

主要使用DMC 25號繡線。另外也會使用到DMC 4號、DMC 5號繡線、Tapestry繡線、Darin Craft羊毛繡線、Blossom羊毛繡線、金屬繡線、ROSA羊毛繡線、羔羊毛線、刺繡用緞帶、麻線以及A.F.E art繡線等等。

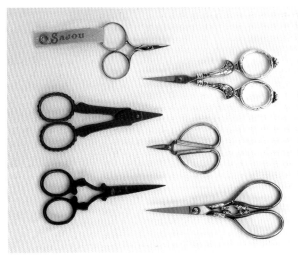

4_刺繡剪刀

任何類型的剪刀都可作為刺繡剪刀來使用，不過如果有長期需求，建議使用剪線專用的紗剪。

5_描圖筆

市面上可以買到刺繡專用的水溶筆，一旦沾水即可輕易消除筆跡；消失筆則是用吹風機加熱就能消除筆跡；粉土鉛筆能夠用水洗掉。使用複寫紙將圖案描繪至布面時，必須使用筆尖是金屬的沾水筆。

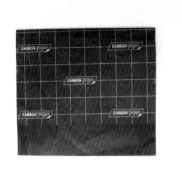

6_複寫紙

放在繡圖與布料之間，用來將圖案描繪至布料上。由於布料上的墨水不易清除，所以通常會以繡線蓋住筆跡，或是描好大致輪廓後，再以消失筆或水性筆繪製細節。

7_描圖燈箱

用於將圖案繪製於布料上的工具。先將布料鋪在描圖燈箱上，再放上複寫紙和繡圖，然後使用消失筆或水溶筆描繪映照出來的圖案。

8_木珠

木珠有各種不同的大小，可用於繞珠繡（P.33）。

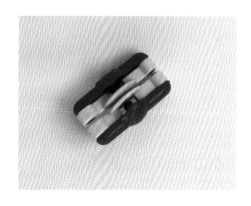

9_毛線球編織器

又稱為「做球器」或「製球器」，用來製作毛線球。市面上有販售多種尺寸，本書使用的是CLOVER的毛線球編織器，尺寸為20mm或25mm。

10_布料

易於刺繡的布料有麻布、棉布、棉麻布。大部分的布料都尚未經過水洗處理，所以必須用中性清潔劑清洗後，於陰影下曬乾後再使用，如此一來，布料才會收縮，便於刺繡。也可以直接購入經水洗處理過的布料。

11_鋸齒剪刀

刀片邊緣呈鋸齒狀，可以將布料剪出波浪的造型。裁剪布料時使用鋸齒剪刀，可防止布邊脫線，使用起來非常方便。

12_蕾絲

將少量蕾絲布料拼接於刺繡作品，可以營造出浪漫的氛圍，讓成品更有質感。

Basic 02

刺繡的基本概念

༄ 描繪圖案 ༄

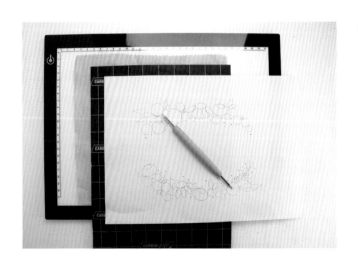

01 使用描圖燈箱，以消失筆或水溶筆將圖案描繪到布料上。

02 依照布料→複寫紙→圖案的順序鋪放，然後使用沾水筆繪製大致圖案，再用消失筆或水溶筆描繪細節。

❧ 刺繡框的使用方法 ❧

將沒有鬆緊調節鈕的內框放在布料下方，蓋上布料後，再放上有調節鈕的外框，並確實壓緊。調整好螺絲後，確認布面是平整且繃緊的狀態即可。

❧ 繡線的種類 ❧

｛本書中所使用的繡線｝

01 DMC 25號繡線

本書主要使用的繡線，一次的使用量大約是50公分。DMC 25號繡線由6股細線捻成，取出需要的股數使用即可。

02 DMC 4號繡線

棉線材質，雖然沒有光澤，但可用來增加作品的立體感。總共以5股細線捻成，但只使用1股線的話，繡線容易斷裂，所以建議使用2股以上的繡線。

03 DMC 5號繡線

棉線材質，光澤感極佳。總共有2股細線，通常不會分開使用。

04 DMC Tapestry 羊毛繡線

此款繡線較粗，所以必須使用羊毛繡線的專用針。通常不會分股使用。

05 Darin Craft 羊毛繡線

只有1股線，由100%的壓克力纖維製成。刺繡時觸感極佳，推薦使用在法國結粒繡，呈現出的成品特別漂亮。可於韓國的Darin Craft網站上（www.darincraft.co.kr）購買。

06 Blossom 羊毛繡線

只有1股線，是澳洲美麗諾羊毛繡線。觸感柔軟且不易起毛球。為了維持繡線的立體感及捲度，請勿將繡線用力緊繞在紙軸上。

07 羔羊毛線

從羔羊身上取得的羊毛繡線，質地柔軟且脆弱，由5～6股細線捻成，因為繡線的韌度較弱，建議使用2股以上的線。

08 ROSA 羊毛繡線

共有5股細線捻成，成分是50%的羊毛和50%的壓克力纖維。具有優越的立體感，因此若使用土耳其結粒繡（P.39）或是製作毛線球的話，成品的觸感會非常柔軟蓬鬆。可於韓國的fashionmade網站上（www.fashionmade.co.kr）購入。

09 CMfeel 的 Art 繡線

只有1股線，是韓國的羊毛繡線。色澤非常時髦，觸感極佳。

10 Malabrigo 美麗諾羊毛繡線

此款繡線為烏拉圭產的手染美麗諾羊毛繡線，非常柔軟且具有立體感。種類非常多，本書所使用的型號是Worsted及Lace。

11 A.F.E art 繡線

日本Art Fiber Endo公司生產的art繡線。由羊毛繡線、棉線、絲綢等多樣化的材質構成。由於大部分的art繡線較粗，需使用針孔較大的專用繡針，因此這款繡線適用於穿過次數較低的針法。

12 編織線

用於勾針編織的毛線，本書使用Pure Cotton（100%棉）以及Cotton Flower（棉紗混紡）的韓國品牌編織線。

13 EdMar Boucle 繡線

美國EdMar公司生產的繡線，使用愛達荷州生產的嫘縈製成，本書選用Boucle此型號。其特色是具有捲度，即使只是使用簡單的針法，也能夠營造出漂亮的立體感。

繡線的使用方法

｛穿線｝

01 剪一段50公分長的DMC 25號繡線，然後取出需要的股數。

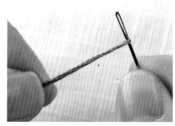

02 為了讓繡線出現折角，將繡線繞在針上並折對半。

03 用食指和姆指用力按壓，製造出折角。

04 移動針，將折角穿入針孔中。

05 如上圖，此為繡線穿過去的樣子。

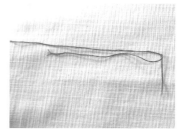

06 將兩端繡線調整為一長一短的狀態。

{ 打結 }

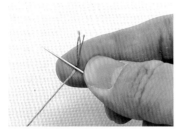 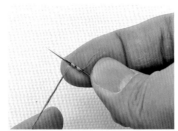 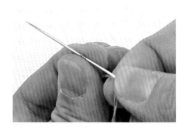

01 將線置於針下，並將較短的線放置於右側。

02 短線維持不動，將長線繞針兩圈。

03 用拇指和食指壓住包覆著針的繞圈部位，然後將線抽離針。

{ 收尾 }

01 往左側抓住繡線，然後將線繞針兩圈。

02 盡可能在靠近布料的位置打結，再用剪刀將剩下的線剪斷。

Basic 03

製作前的小技巧

整理刺繡框

01 布面置入刺繡框後，在刺繡框周圍預留3～4公分的長度，再將其餘的布料用鋸齒剪刀裁掉。

02 使用平針繡（P.24）繞邊緣一圈。

03 將線拉緊後打結。

使用毛線球編織器

01 準備毛線球編織器。

02 毛線球編織器總共有四個像翅膀的半圓片，先在其中兩個半圓片繞上線（如上圖），然後也在其餘的半圓形片上繞線。

03 從繞好毛線的中間位置，將線剪斷。

04 在中間用線繞一圈後綁緊。

05 多打幾個結，以免鬆開。

06 將半圓片的兩邊拆開。

07 用剪刀修整毛線，使其呈圓球狀。

Part
×××
2

50種基礎・進階
針法大集合

Lesson 1

新手不失敗！
20個基礎針法

××× 1. 回針繡 ×××
Back Stitch

××× 2. 平針繡 ×××
Running Stitch

××× 3. 穿線平針繡 ×××
Threaded Running Stitch

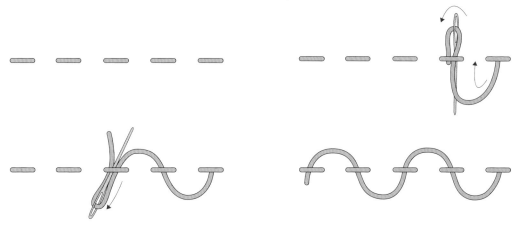

××× 4. 雛菊繡 ×××
Lazy Daisy Stitch

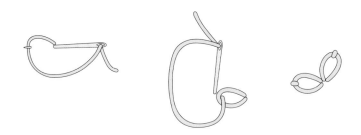

××× 5. 雙重雛菊繡 ×××
Double Lazy Daisy Stitch

××× 6. 玫瑰花結鎖鏈繡 ×××
Rosette Chain Stitch

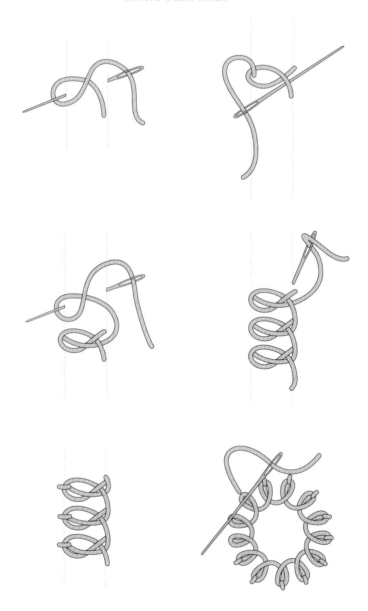

××× 7. 長短針繡 ×××
Long and Short Stitch

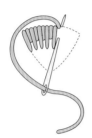 

××× 8. 釦眼繡 ×××
Buttonhole Stitch

××× 9. 捲線繡 ×××
Bullion Rose Stitch

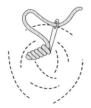 

××× 10. 緞面繡 ×××
Satin Stitch

××× 11. 蛛網玫瑰繡 ×××
Spider Web Rose Stitch

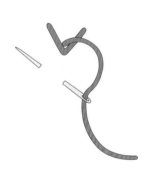  

××× 12. 劈針繡 ×××
Split Stitch

××× 13. **輪廓繡** ×××
Outline Stitch

××× 14. **輪廓填色繡** ×××
Outline Filling Stitch

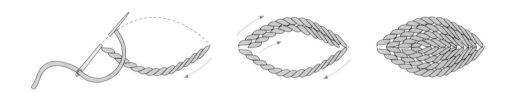

××× 15. **鎖鏈繡** ×××
Chain Stitch

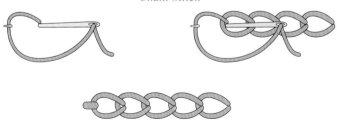

××× 16. **釘線繡** ×××
Couching Stitch

××× 17. **法國結粒繡** ×××
French Knot Stitch

××× 18. **自由繡** ×××
Free Stitch

××× 19. **飛鳥繡** ×××
Fly Stitch

××× 20. **魚骨繡** ×××
Fish Bone Stitch

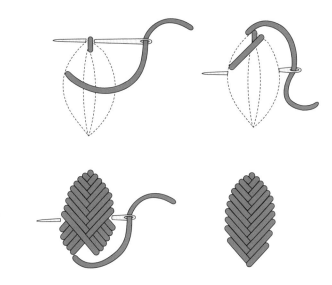

Lesson 2

成為刺繡達人！
30個進階針法

××× 1. 蕾絲繡 ×××
Needle Lace Stitch

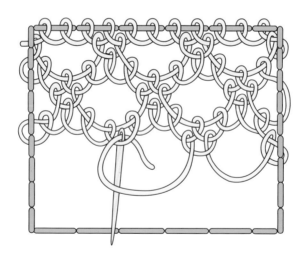

✕✕✕ 2. 繞珠繡 ✕✕✕
Wrapping Beads Stitch

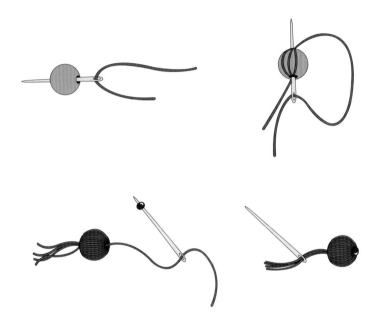

✕✕✕ 3. 俄羅斯鎖鏈繡 ✕✕✕
Russian Chain Stitch

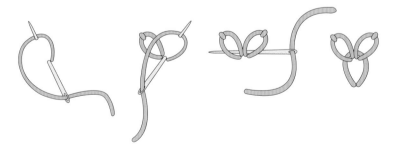

××× 4. 立體杯形繡 ×××
Raised Cup Stitch

××× 5. 玫瑰花結繡 ×××
Rosette Stitch

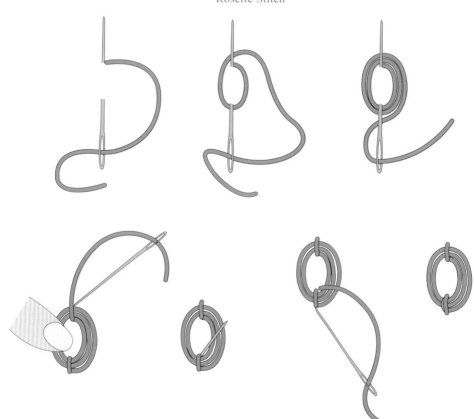

××× 6. 環狀捲針繡 ×××
Roll Stitch

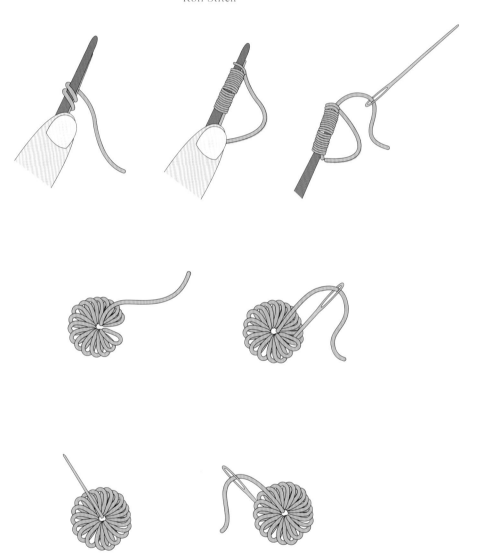

××× 7. 葉形繡 ×××
Leaf Stitch

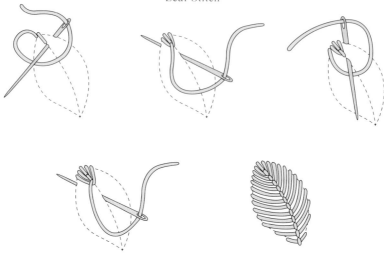

××× 8. 肋骨蛛網繡 ×××
Ribbed Spider Web Stitch

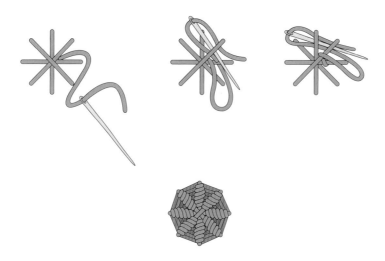

✕✕✕ 9. 磨坊花形繡 ✕✕✕
Mill Flower Stitch

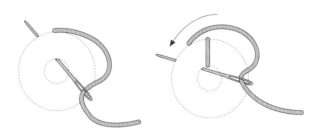

✕✕✕ 10. 鋸齒繡 ✕✕✕
Vandyke Stitch

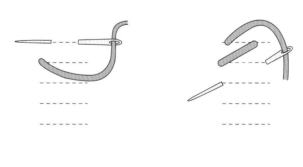

××× 11. 籃網繡 ×××
Basket Stitch

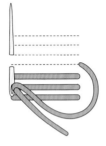 

××× 12. 髮辮繡 ×××
Braid Stitch

××× 13. **土耳其結粒繡（斯麥納繡）** ×××

Smyrna Stitch

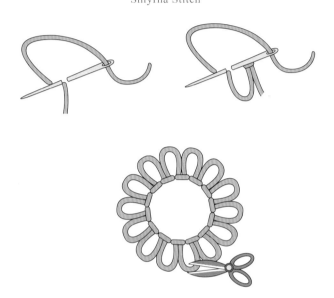

××× 14. **刀劍邊緣繡** ×××

Sword Edge Stitch

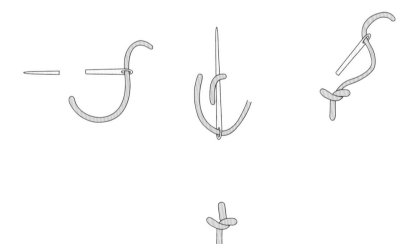

×××　15. 莖幹玫瑰繡　×××
Stem Rose Stitch

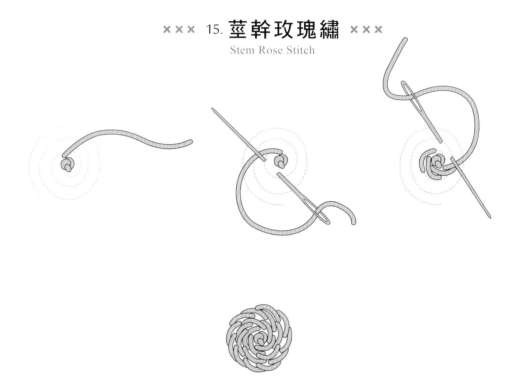

×××　16. 編織葉形繡　×××
Woven Picot Stitch

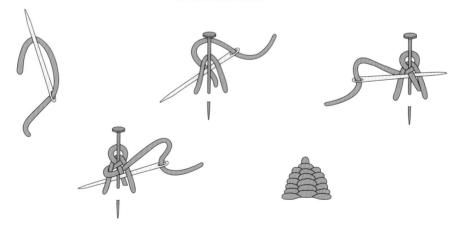

××× 17. **單邊編織捲線繡** ×××
Cast-on Stitch

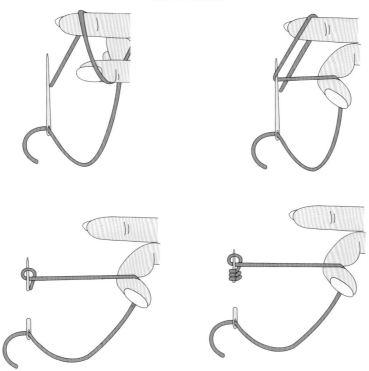

××× 18. **珊瑚繡** ×××
Coral Stitch

××× 19. 纜繩繡 ×××
Cable Stitch

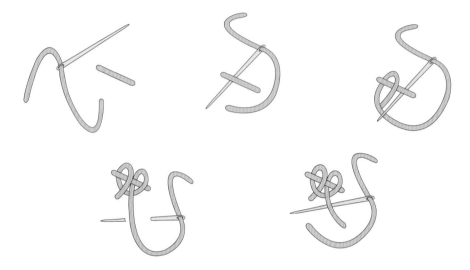

××× 20. 克里特繡 ×××
Cretan Stitch

××× 21. 扭轉鎖鏈繡 ×××
Twisted Chain Stitch

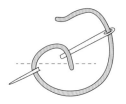 

××× 22. 多層次鎖鏈繡 ×××
Heavy Chain Stitch

  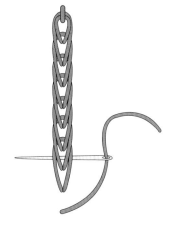

××× 23. 繞線平針繡 ×××
Whipped Running Stitch

××× 24. 封閉式羽毛繡 ×××
Closed Feather Stitch

××× 25. 人字繡（千鳥繡）×××

Herring Bone Stitch

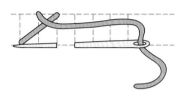

××× 26. 麥穗繡 ×××

Wheatear Stitch

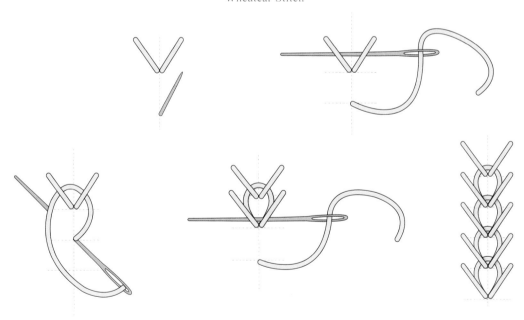

××× 27. 繞線雙排釦眼繡 ×××
Whipped Double Buttonhole Stitch

 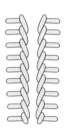 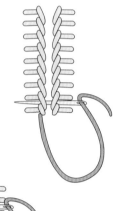

 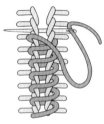

××× 28. 羽毛繡 ×××
Feather Stitch

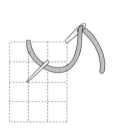 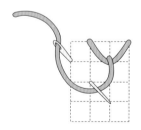

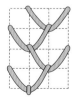

××× 29. **繞線回針繡** ×××
Whipped Back Stitch

××× 30. **繞線羽毛繡** ×××
Whipped Feather Stitch

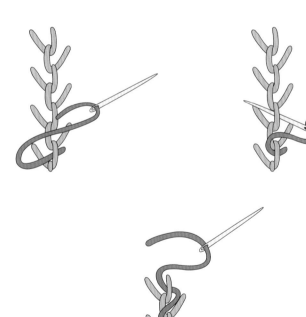

Lesson 3

讓成品變立體的
綜合針法

{ 莖幹繡變形技法 }

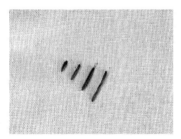

01 使用四個直線繡（註）繡出三角形的輪廓。請勿將繡線拉得太緊，讓繡線維持鬆鬆的狀態。

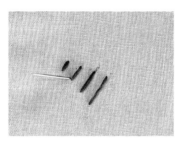

02 從第二條橫線左側上方的位置出針。

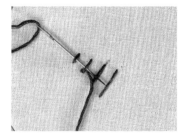

03 將針穿過第一條橫線和第二條橫線。

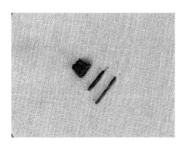

04 反覆執行步驟03，直到填滿顏色後打結。

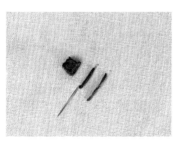

05 從第三條橫線左側上方的位置出針。

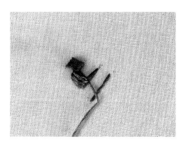

06 反覆穿過第二條橫線和第三條橫線，直到填滿一半的顏色（如上圖）。

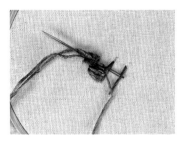

07 利用針尖,穿入第一層顏色的中間做出間隔,再穿過第三條橫線。

08 重複步驟07,填滿右半邊剩餘的部分。

09 第三層也用同樣的方法,利用針尖,穿入第二層顏色的中間做出間隔,然後穿過第四條橫線。

10 上圖為繡線穿過去的樣子。

11 右側剩餘的部分也以同樣的方法穿過多次,請勿將繡線拉得過緊。

12 穿過原先堆疊好的線時,請小心避免繡線分離。

13 全部完成的樣子。

註:直線繡是所有刺繡針法的基礎,只要從一個位置出針、再從另一個位置入針,一出一入呈一直線,就是一個完整的直線繡。

{釦眼繡變形技法}

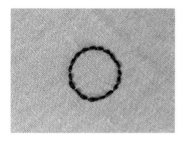

01 用回針繡沿著畫好的圖案完成基本輪廓。

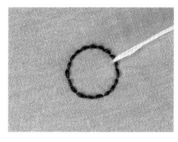

02 從內側（如上圖）開始下針。

03 穿過回針繡的洞，開始使用釦眼繡。

04 如上圖，製作出想要的花瓣長度。

05 可以在扣眼繡的同一個洞製作出多個花瓣，也可以一個洞只製作一個花瓣。

06 每個花瓣的長度請維持一致。

07 一邊整理，一邊反覆執行此動作。

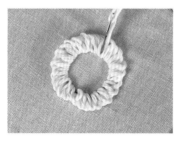

08 繡完一整圈後，在開始回針繡的地方收尾打結。

{ 芍藥花漸層技法 }

01 使用深色的繡線以直線繡填滿圖面。

02 從原本繡線的垂直方向以直線繡將圖面填滿。

03 再次以步驟01的方向使用直線繡將圖面填滿，總共要堆疊三層。

04 左側剩餘的部分以法國結粒繡填滿。

05 在中心的位置以較長的淺色繡線，使用雛菊繡填滿圖面。

06 圖面全都填滿的模樣。

07 在雛菊繡上方，以顏色最淺的繡線，使用雛菊繡做出花朵的造型。在這個階段，請刻意讓繡線長短呈現參差不齊的狀態。

08 在上下兩端重複執行雛菊繡，讓花朵造型看起來向中間集中。

Part
×××
3

比真花更動人！
31款立體花草
刺繡全圖解

三款迷你刺繡花框

❧ How to Make ❧

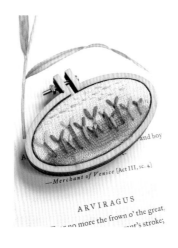

迷你刺繡框 ①

〔布料〕
100% 白色麻布

〔使用的繡線〕
DMC 25 號繡線 162, 370, 470, 519, 986, 3705, 3824

〔使用的針法〕
平針繡、直線繡

〔其他材料〕
綠色及淡綠色網紗布

迷你刺繡框 ②

〔布料〕
100% 白色麻布

〔使用的繡線〕
DMC 25 號繡線 225, 677, 747, 760, 778, 937, 962, 988, 3840, 3855, 3856

〔使用的針法〕
雛菊繡、刀劍邊緣繡、莖幹玫瑰繡、直線繡、輪廓繡、羽毛繡、法國結粒繡、飛鳥繡

迷你刺繡框 ③

〔布料〕
100% 白色麻布

〔使用的繡線〕
DMC 25 號繡線 677, 778, 839, 937, 962, 963, 988, 3856

〔使用的針法〕
莖幹玫瑰繡、羽毛繡、法國結粒繡、飛鳥繡、繞線羽毛繡

原吋繡圖

迷你刺繡框 ①

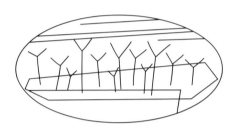

迷你刺繡框 ②

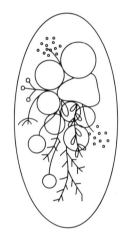

迷你刺繡框 ③

繡法標示

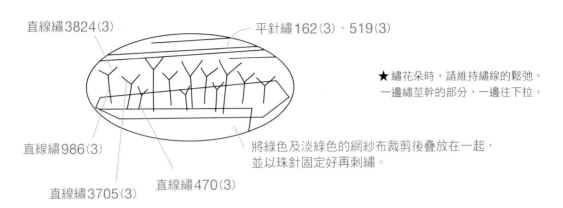

直線繡3824（3）

平針繡162（3）、519（3）

★繡花朵時，請維持繡線的鬆弛。
一邊繡莖幹的部分，一邊往下拉。

直線繡986（3）

將綠色及淡綠色的網紗布裁剪後疊放在一起，
並以珠針固定好再刺繡。

直線繡3705（3）

直線繡470（3）

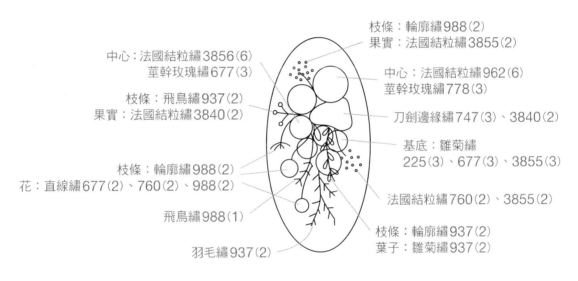

枝條：輪廓繡988（2）
果實：法國結粒繡3855（2）

中心：法國結粒繡3856（6）
莖幹玫瑰繡677（3）

中心：法國結粒繡962（6）
莖幹玫瑰繡778（3）

枝條：飛鳥繡937（2）
果實：法國結粒繡3840（2）

刀劍邊緣繡747（3）、3840（2）

基底：雛菊繡
225（3）、677（3）、3855（3）

枝條：輪廓繡988（2）
花：直線繡677（2）、760（2）、988（2）

法國結粒繡760（2）、3855（2）

飛鳥繡988（1）

枝條：輪廓繡937（2）
葉子：雛菊繡937（2）

羽毛繡937（2）

中心：法國結粒繡962（6）
莖幹玫瑰繡778（3）

羽毛繡988（3）
繞線羽毛繡839（3）

中心：法國結粒繡3856（6）
莖幹玫瑰繡677（3）

中心：法國結粒繡962（6）
莖幹玫瑰繡963（3）

飛鳥繡937（1）

・若沒有特別標示繡線名稱，皆使用DMC 25號繡線。
・標記順序為：針法→繡線號碼→（繡線股數）。
例如：雛菊繡169（3），使用3股169號繡線來完成雛菊繡。

Floral embroidery_02

單色
芍藥

How to Make

〔布料〕
100%麻布

〔使用的繡線〕
DMC 25號繡線 828

〔使用的針法〕
劈針繡、輪廓繡、多層次鎖鏈繡

原吋繡圖請見封底拉頁

繡法標示

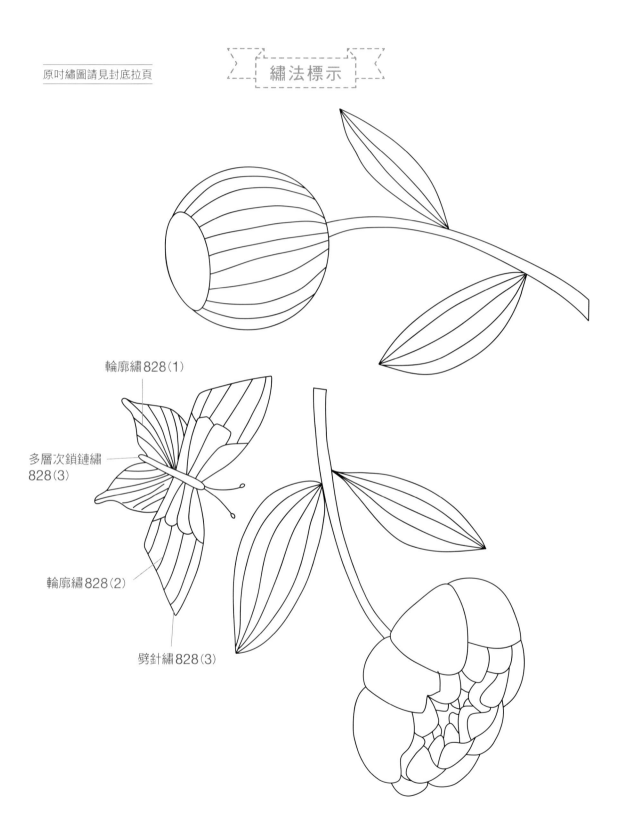

輪廓繡 828（1）

多層次鎖鏈繡
828（3）

輪廓繡 828（2）

劈針繡 828（3）

輪廓繡 828（3）

・若沒有特別標示繡線名稱，皆使用 DMC 25 號繡線。
・標記順序為：針法→繡線號碼→（繡線股數）。
例如：雛菊繡 169（3），使用 3 股 169 號繡線來完成雛菊繡。

Floral embroidery_03

冬日花語

❧ How to Make ❧

〔布料〕
100% 深灰麻布

〔使用的繡線〕
DMC 25號繡線 01, 02, 03, 04, 310, Blanc, Ecru, E415

〔使用的針法〕
雙重雛菊繡、雛菊繡、長短針繡、回針繡、釦眼繡、緞面繡、輪廓繡、珊瑚繡、扭轉鎖鏈繡、羽毛繡、法國結粒繡、飛鳥繡、魚骨繡、人字繡、麥穗繡、繞線雙排釦眼繡

繡法標示

原吋繡圖請見封底拉頁

花：雙重雛菊繡Ecru（6）
花萼：雛菊繡03（3）
枝條：回針繡04（2）
葉子：麥穗繡02（3）

葉子：羽毛繡310（2）
枝條：輪廓繡310（2）

花：長短針繡01（3）、02（3）、03（3）
枝條：輪廓繡03（3）

花：緞面繡Blanc、Ecru（3）
枝條：輪廓繡310（2）
葉子：魚骨繡04（2）

花：珊瑚繡310（3），
　　法國結粒繡E415（3）
枝條：輪廓繡310（3）

花：法國結粒繡Blanc（3）
枝條：珊瑚繡Ecru（3）

在釦眼繡之間相連的部分
使用310(3)包覆起來。

花中心：法國結粒繡03(3)
花：釦眼繡03(3)、E415(3)
枝條：輪廓繡03(3)
葉子：人字繡E415(3)

果實：法國結粒繡Blanc(2)
枝條：飛鳥繡310(4)
葉子：輪廓繡310(4)

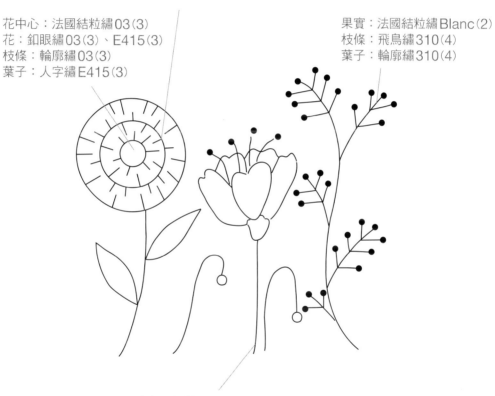

雄蕊：扭轉鎖鏈繡，法國結粒繡310(2)
花：釦眼繡Ecru(2)
花萼：釦眼繡02(2)
枝條：輪廓繡02(2)

・若沒有特別標示繡線名稱，皆使用DMC 25號繡線。
・標記順序為：針法→繡線號碼→（繡線股數）。
例如：雛菊繡169(3)，使用3股169號繡線來完成雛菊繡。

Floral embroidery_04

粉色立體
小花束

❧ How to Make ❧

〔布料〕
棉布

〔使用的繡線〕
DMC 25號繡線 04, 21, 169, 353, 520, 3770
A.F.E麻線 414

〔使用的針法〕
雛菊繡、磨坊花形繡、直線繡、蛛網玫瑰繡、輪廓繡、法
國結粒繡

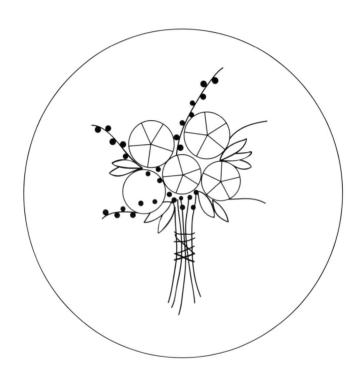

繡法標示

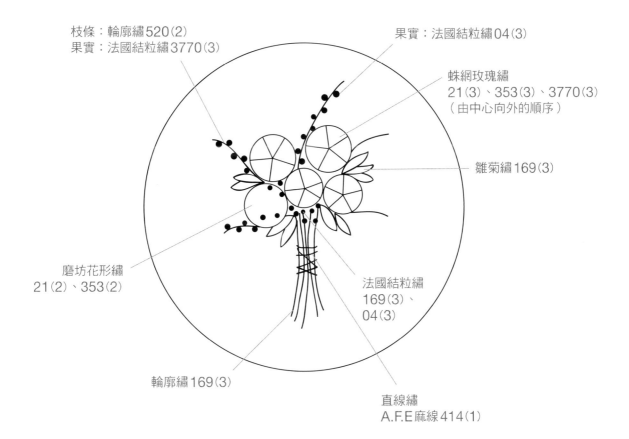

枝條：輪廓繡520（2）
果實：法國結粒繡3770（3）

果實：法國結粒繡04（3）

蛛網玫瑰繡
21（3）、353（3）、3770（3）
（由中心向外的順序）

雛菊繡169（3）

磨坊花形繡
21（2）、353（2）

法國結粒繡
169（3）、
04（3）

輪廓繡169（3）

直線繡
A.F.E麻線414（1）

・若沒有特別標示繡線名稱，皆使用DMC 25號繡線。
・標記順序為：針法→繡線號碼→（繡線股數）。
例如：雛菊繡169（3），使用3股169號繡線來完成雛菊繡。

Floral embroidery_05

紫色
繡球花

ᏜᎥ How to Make ᏜᎥ

〔布料〕
棉布

〔使用的繡線〕
DMC 25號繡線 29, 501, 522, 935, 3041, 3363,
3743

〔使用的針法〕
葉形繡、釦眼繡、刀劍邊緣繡、輪廓繡、扭轉鎖鏈繡

繡法標示

刀劍邊緣繡 29（6）、3041（6）、3743（6）
依照順序，先使用深色繡線，再以淺色繡線覆蓋其上。

釦眼繡 3363（1）

葉形繡 501（3）

輪廓繡 935（2）

釦眼繡 522（1）

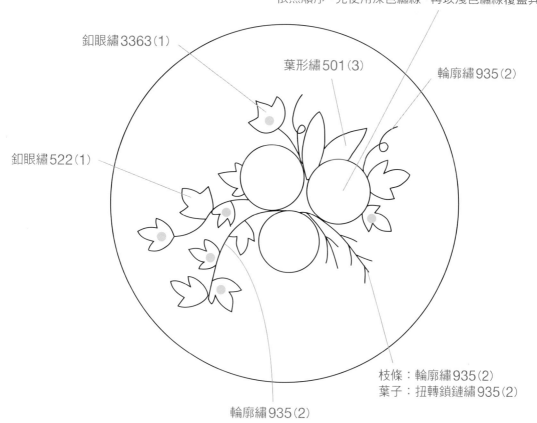

枝條：輪廓繡 935（2）
葉子：扭轉鎖鏈繡 935（2）

輪廓繡 935（2）

· 若沒有特別標示繡線名稱，皆使用 DMC 25 號繡線。
· 標記順序為：針法→繡線號碼→（繡線股數）。
例如：雛菊繡 169（3），使用 3 股 169 號繡線來完成雛菊繡。

黃色迷你花束

How to Make

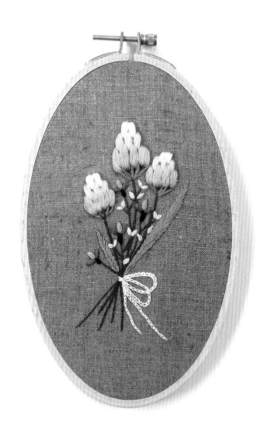

〔布料〕
100% 咖啡色麻布

〔使用的繡線〕
DMC 25號繡線 154, 844, 928, 935, 3041, 3042,
3364, 3821, 3822, 3823

〔使用的針法〕
雛菊繡、莖幹繡變形、直線繡、輪廓繡、鎖鏈繡、魚骨繡

繡法標示

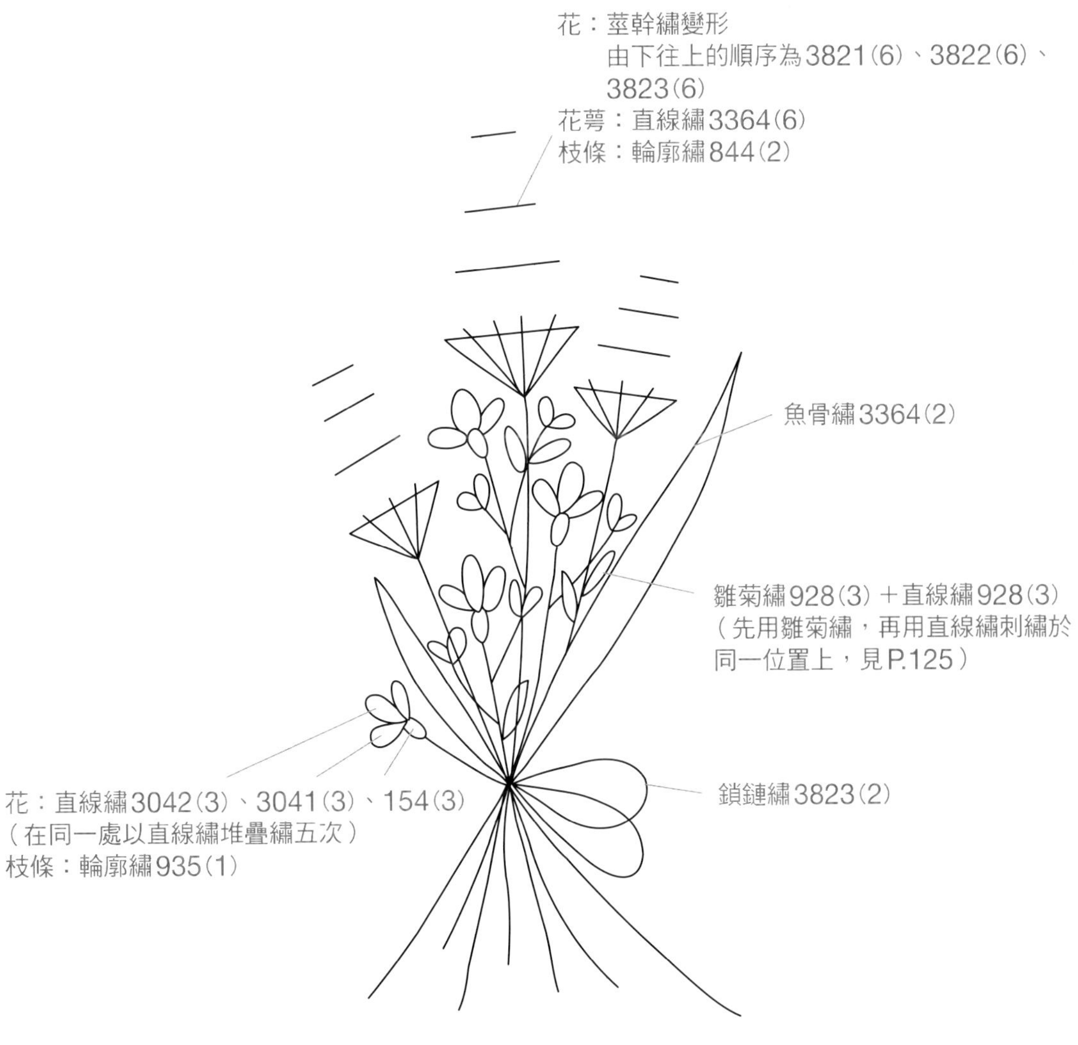

花：莖幹繡變形
　　由下往上的順序為3821(6)、3822(6)、
　　3823(6)
花萼：直線繡3364(6)
枝條：輪廓繡844(2)

魚骨繡3364(2)

雛菊繡928(3)＋直線繡928(3)
（先用雛菊繡，再用直線繡刺繡於
同一位置上，見P.125）

鎖鏈繡3823(2)

花：直線繡3042(3)、3041(3)、154(3)
（在同一處以直線繡堆疊繡五次）
枝條：輪廓繡935(1)

・若沒有特別標示繡線名稱，皆使用DMC 25號繡線。
・標記順序為：針法→繡線號碼→（繡線股數）。
例如：雛菊繡169(3)，使用3股169號繡線來完成雛菊繡。

絕美芍藥小花束

❧ How to Make ❧

〔布料〕
棉麻布

〔使用的繡線〕
DMC 25號繡線 318, 352, 518, 775, 818, 948,
3768, Blanc

〔使用的針法〕
雛菊繡、直線繡、輪廓繡、鎖鏈繡、羽毛繡、法國結粒繡

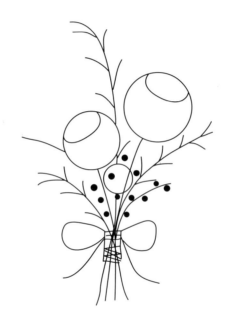

繡法標示

枝條：輪廓繡3768（2）
葉子：雛菊繡
外側：775（3）內側：518（3）

法國結粒繡352（6）

使用直線繡352（6）疊四層填滿
圖面，然後在上方按順序使用雛
菊繡948（6）、Blanc（6）

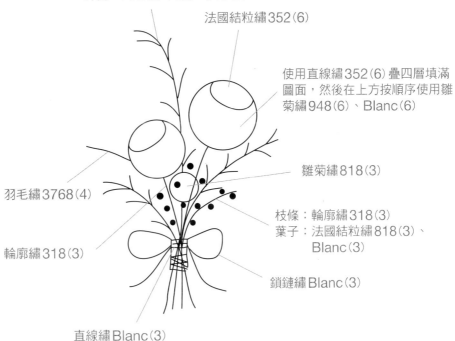

雛菊繡818（3）

羽毛繡3768（4）

枝條：輪廓繡318（3）
葉子：法國結粒繡818（3）、
　　　Blanc（3）

輪廓繡318（3）

鎖鏈繡Blanc（3）

直線繡Blanc（3）

・若沒有特別標示繡線名稱，皆使用DMC 25號繡線。
・標記順序為：針法→繡線號碼→（繡線股數）。
例如：雛菊繡169（3），使用3股169號繡線來完成雛菊繡。

異素材粉色花圈

How to Make

〔布料〕
棉麻布

〔使用的繡線〕
DMC 25號繡線 368, 758, 839, 840, 3777
ROSA 羊毛繡線 紫色6，紫色7，象牙白
DMC Tapestry 羊毛繡線 7191, 7196

〔使用的針法〕
環狀捲針繡、葉形繡、磨坊花形繡、捲線繡、蛛網玫瑰繡、
輪廓繡、鎖鏈繡、單邊編織捲線繡、法國結粒繡、飛鳥繡

〔其他材料〕
直徑5mm的珍珠、蕾絲、串珠

原吋繡圖

・若沒有特別標示繡線名稱，皆使用DMC 25號繡線。
・標記順序為：針法→繡線號碼→（繡線股數）。
例如：雛菊繡169（3），使用3股169號繡線來完成雛菊繡。

繡法標示

單邊編織捲線繡
DMC Tapestry 羊毛繡線 7191（1）
捲繞 6～7 次

串珠

飛鳥繡 368（3）

法國結粒繡 DMC Tapestry 羊毛繡線 7196（1）

葉形繡 368（3）

法國結粒繡 DMC Tapestry 羊毛繡線 7196（1）

單邊編織捲線繡 DMC Tapestry 羊毛繡線 7191（1）
使用兩根針弄出較大的寬度，捲繞 9～11 次，做出較大
的間距

中心：蛛網玫瑰繡 ROSA 羊毛繡線 紫色7（5）
花：蛛網玫瑰繡 ROSA 羊毛繡線 紫色6（5）

中心：蛛網玫瑰繡 ROSA 羊毛繡線 紫色7（5）
花：蛛網玫瑰繡 ROSA 羊毛繡線 象牙白（5）

葉形繡 368（3）

法國結粒繡 ROSA 羊毛繡線 紫色7（2）

飛鳥繡 840（6）
（以輪廓繡收尾）

磨坊花形繡 758（3）

法國結粒繡 839（3）

捲線繡 3777（3）捲繞 8 次

輪廓繡 839（3）

法國結粒繡
ROSA 羊毛繡線 紫色7（2）

磨坊花形繡
ROSA 羊毛繡線 紫色6（3）

法國結粒繡 839（3）

鎖鏈繡 839（3）

Liisa

法國結粒繡
DMC Tapestry 羊毛繡線
7196（1）

中心：法國結粒繡 3777（3）
花：蕾絲（將蕾絲弄成圓形，
重疊 2～3 層後，以法國結粒繡固定中心）

中心：直徑 5mm 的珍珠
花：環狀捲針繡
DMC Tapestry 羊毛繡線
7191（1）捲繞 17 次

飛鳥繡 839（3）
（以輪廓繡收尾）

輪廓繡 839（3）

捲線繡 368（3）
捲繞 8 次

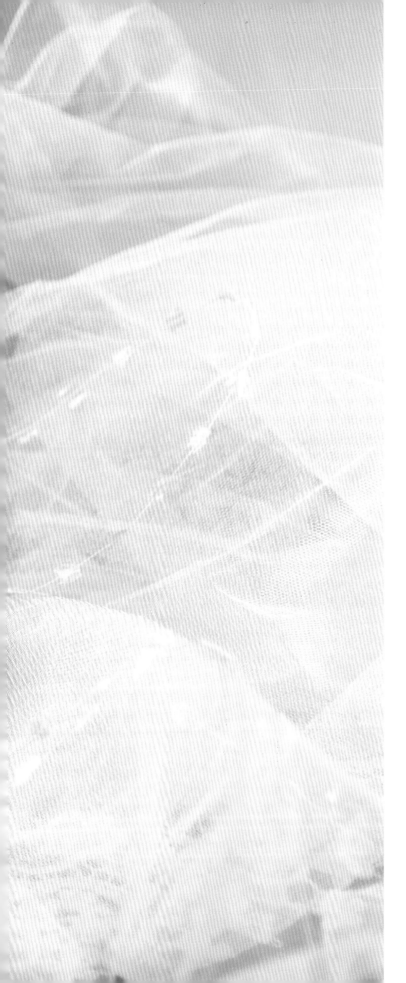

Floral embroidery_09

藍色
毛球花環

❧ How to Make ❧

〔布料〕
100% 白色麻布

〔使用的繡線〕
DMC 25 號繡線 310, 500, 520, 818, 838, 937,
964, 3326, 3347, 3849, 3881
Darin 羊毛繡線 87
Pure Cotton 編織線（100% 純棉） 126 天藍色，
101 牛奶象牙白，125 香瓜色

〔使用的針法〕
雛菊繡、長短針繡、葉形繡、變形釦眼繡、緞面繡、直線
繡、輪廓繡、鎖鏈繡、克里特繡、法國結粒繡、飛鳥繡

〔其他材料〕
20mm 的毛線球編織器

原吋繡圖

・若沒有特別標示繡線名稱，皆使用DMC 25號繡線。
・標記順序為：針法→繡線號碼→（繡線股數）。
例如：雛菊繡169(3)，使用3股169號繡線來完成雛菊繡。

繡法標示

枝條：輪廓繡838(3)
葉子：葉形繡3347(6)

克里特繡937(3)

長短針繡964(3)、3849(3)

枝條：輪廓繡500(3)
葉子：以直線繡500(6)覆蓋於雛菊繡500(6)上

克里特繡520(3)

中心：法國結粒繡310(3)
花：變形釦眼繡 Pure Cotton 編織線 125 香瓜色(4)
　　變形釦眼繡 Pure Cotton 編織線 101 牛奶象牙白(4)

克里特繡937(3)

克里特繡520(3)

輪廓繡838(3)

緞面繡3326(3)

中心：法國結粒繡310(3)
花：變形釦眼繡 Pure Cotton 編織線 126 天藍色(4)
　　變形釦眼繡 Pure Cotton 編織線 101 牛奶象牙白(4)

Pure Cotton 編織線 125 香瓜色(4)
＋Pure Cotton 編織線 101 牛奶象牙白(4)

Pure Cotton 編織線 126 天藍色(4)

法國結粒繡 Darin 羊毛繡線87(1)

鎖鏈繡500(1)

克里特繡
937(3)

枝條：輪廓繡838(3)
葉子：使用直線繡818(3)
在同一個位置重疊三遍

克里特繡3881(3)

飛鳥繡500(3)

克里特繡3881(3)　　克里特繡937(3)

繽紛玫瑰花籃

How to Make

〔布料〕
100% 米色麻布

〔使用的繡線〕
DMC 25號繡線 23, 28, 29, 151, 154, 352, 353,
746, 950, 3042, 3345, 3346, 3347, 3733, 3822,
3823, 3835, 3862, 3863, 3865
Darin 羊毛繡線 118, 126, 127

〔其他材料〕
麻繩

〔使用的針法〕
雙重雛菊繡、鋸齒繡、捲線繡、土耳其結粒繡、直線繡、
輪廓繡、輪廓填色繡、釘線繡、羽毛繡、法國結粒繡、魚
骨繡

原吋繡圖請見封底拉頁

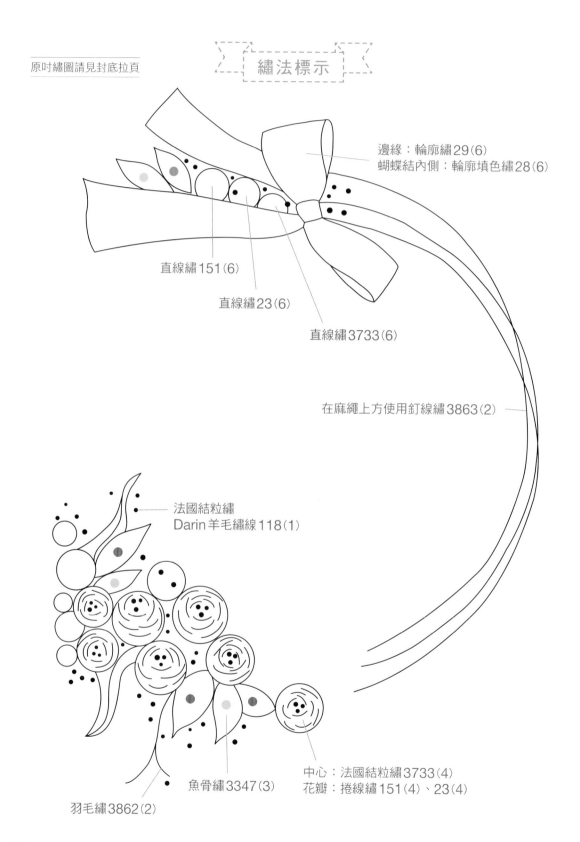

邊緣：輪廓繡29（6）
蝴蝶結內側：輪廓填色繡28（6）

直線繡151（6）

直線繡23（6）

直線繡3733（6）

在麻繩上方使用釘線繡3863（2）

法國結粒繡
Darin羊毛繡線118（1）

魚骨繡3347（3）

羽毛繡3862（2）

中心：法國結粒繡3733（4）
花瓣：捲線繡151（4）、23（4）

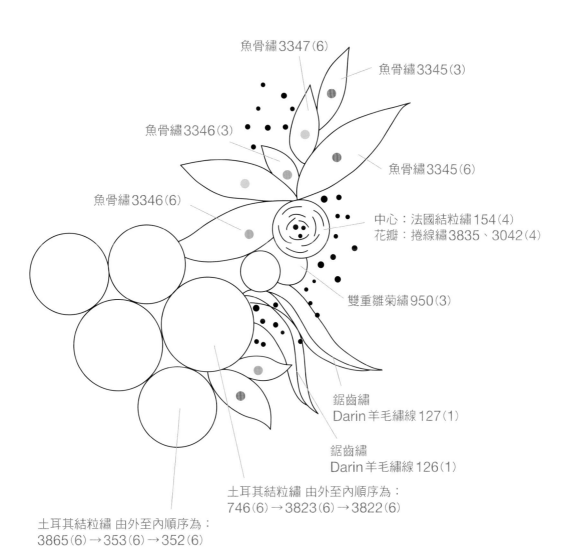

魚骨繡3347（6）

魚骨繡3345（3）

魚骨繡3346（3）

魚骨繡3345（6）

魚骨繡3346（6）

中心：法國結粒繡154（4）
花瓣：捲線繡3835、3042（4）

雙重雛菊繡950（3）

鋸齒繡
Darin羊毛繡線127（1）

鋸齒繡
Darin羊毛繡線126（1）

土耳其結粒繡 由外至內順序為：
746（6）→3823（6）→3822（6）

土耳其結粒繡 由外至內順序為：
3865（6）→353（6）→352（6）

・若沒有特別標示繡線名稱，皆使用DMC 25號繡線。
・標記順序為：針法→繡線號碼→（繡線股數）。
例如：雛菊繡169（3），使用3股169號繡線來完成雛菊繡。

木棉花花環

❧ How to Make ❧

〔布料〕
100% 米色麻布

〔使用的繡線〕
DMC 25號繡線 371, 730, 898, 3774, 3787

〔使用的針法〕
緞面繡、直線繡、輪廓繡、法國結粒繡

〔其他材料〕
白色羊毛、CD 光碟、棉球

羊毛使用方法

01 事先預備好羊毛材料。

02 依照圖案的大小取下適合用量,調整成圓形。

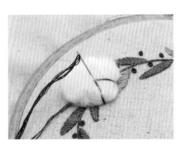

03 從圖案的外緣出針,往中心入針,如上圖。

04 利用繡線將棉球分成六等分。

利用CD光碟製作棉花花環

01 準備一張不用的CD光碟，並在中間位置放上拳頭大的棉球。

02 將布料裁剪成圓形後，以平針繡圍繞邊緣。

03 將CD光碟和棉花放在布料上，然後拉緊平針繡的繡線。

04 為了營造出更蓬鬆的感覺，請在CD的洞口填入更多棉球。

05 將拉緊後的繡線打結。

原吋繡圖

原吋繡圖

繡法標示

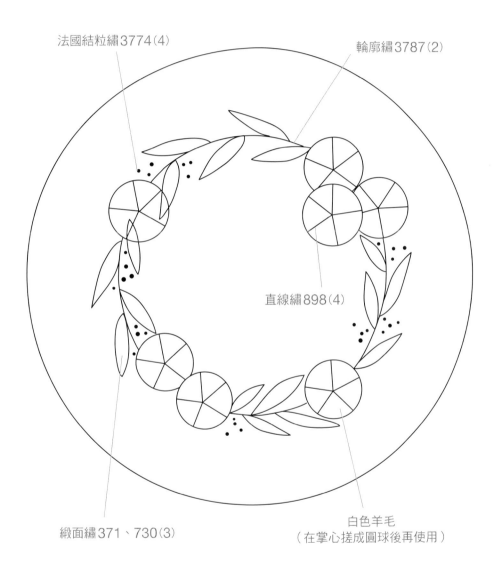

法國結粒繡3774(4)

輪廓繡3787(2)

直線繡898(4)

緞面繡371、730(3)

白色羊毛
（在掌心搓成圓球後再使用）

・若沒有特別標示繡線名稱，皆使用DMC 25號繡線。
・標記順序為：針法→繡線號碼→（繡線股數）。
例如：雛菊繡169(3)，使用3股169號繡線來完成雛菊繡。

浪漫珍珠花

⤳ How to Make ⤳

〔布料〕
100% 彈力棉

〔使用的繡線〕
DMC 25號繡線 223, 225, 500, 501, 502, 503, 827, 926, 3371, 3711, 3713, 3722, 3777, 3865

〔使用的針法〕
雛菊繡、釦眼繡、捲線繡、土耳其結粒繡、直線繡、蛛網玫瑰繡、輪廓繡、鎖鏈繡、珊瑚繡、克里特繡、扭轉鎖鏈繡、法國結粒繡、飛鳥繡

〔其他材料〕
直徑3mm的珍珠、直徑5mm的珍珠

在雛菊繡上方使用直線繡的方法

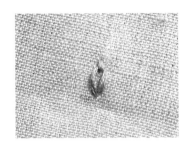

01 繡好雛菊繡。

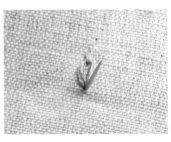

02 找到原本線穿出來的位置出針。

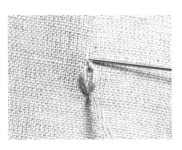

03 於雛菊繡結束的位置再次入針,將直線繡覆蓋於雛菊繡之上。

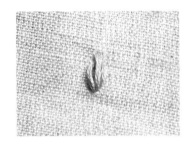

04 完成。

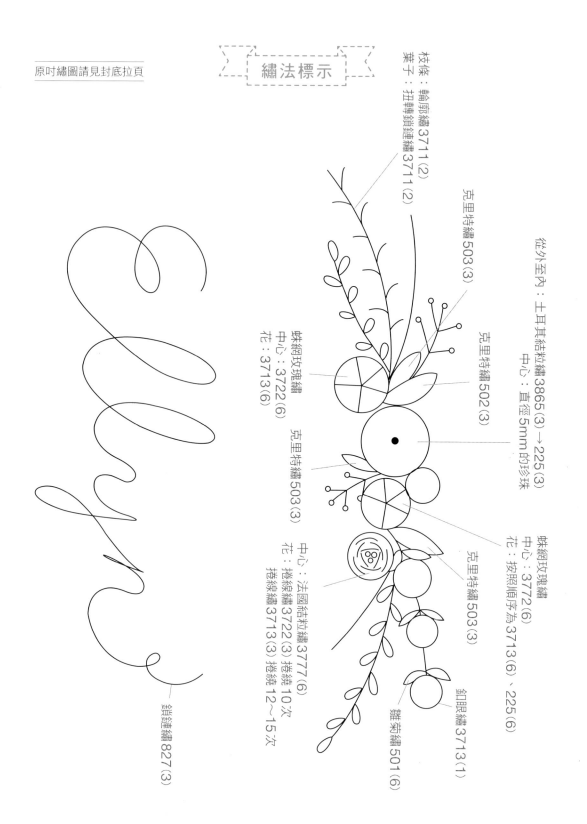

繡法標示

原吋繡圖請見封底拉頁

從外至內：土耳其結粒繡3865 (3) → 225 (3)
中心：直徑5mm的珍珠

枝條：輪廓繡3711 (2)
葉子：扭轉鎖鏈繡3711 (2)

克里特繡503 (3)

克里特繡502 (3)

蛛網玫瑰繡
中心：3772 (6)
花：按照順序為3713 (6)、225 (6)

克里特繡503 (3)

釦眼繡3713 (1)

雛菊繡501 (6)

蛛網玫瑰繡
中心：3722 (6)
花：3713 (6)

克里特繡503 (3)

中心：法國結粒繡3777 (6)
花：捲線繡3722 (3) 捲繞 10 次
捲線繡3713 (3) 捲繞 12~15 次

鎖鏈繡827 (3)

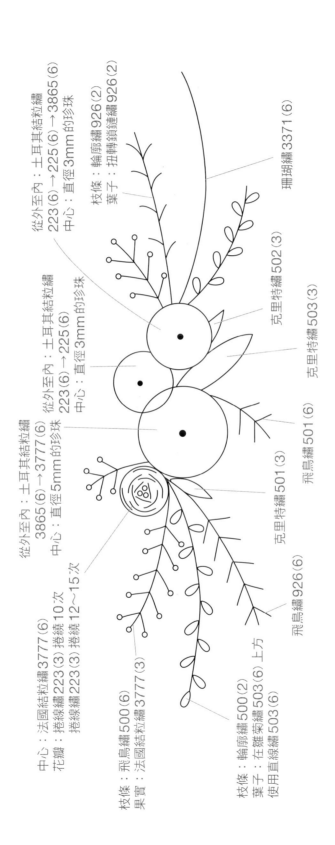

從外至內：土耳其結粒繡
3865(6)→3777(6)
中心：法國結粒繡3777(6)
花瓣：捲線繡223(3)捲繞10次
捲線繡223(3)捲繞12～15次
中心：直徑5mm的珍珠

從外至內：土耳其結粒繡
223(6)→225(6)
中心：直徑3mm的珍珠

從外至內：土耳其結粒繡
223(6)→225(6)→3865(6)
中心：直徑3mm的珍珠

枝條：輪廓繡926(2)
葉子：扭轉鎖鏈繡926(2)

珊瑚繡3371(6)

克里特繡502(3)

克里特繡503(3)

克里特繡501(6)

飛鳥繡501(3)

飛鳥繡926(6)

克里特繡501(3)

枝條：飛鳥繡500(6)
果實：法國結粒繡3777(3)

枝條：輪廓繡500(2)
葉子：在雛菊繡503(6)上方
使用直線繡503(6)

飛鳥繡926(6)

• 若沒有特別標示繡線名稱，皆使用DMC 25號繡線。
• 標記順序為：針法→繡線號碼→（繡線股數）。
例如：雛菊繡169(3)，使用3段169號繡線來完成雛菊繡。

繽紛小碎花

How to Make

〔布料〕
100% 白色麻布

〔使用的繡線〕
DMC 25號繡線 153, 223, 319, 352, 355, 563,
745, 778, 818, 3328, 3721, 3770, 3811, 3815,
3824, 3835, 3856
Darin 羊毛繡線 15

〔使用的針法〕
雛菊繡、葉形繡、鈕眼繡、緞面繡、直線繡、輪廓繡、鎖
鏈繡、法國結粒繡

繡法標示

原吋繡圖請見封底拉頁

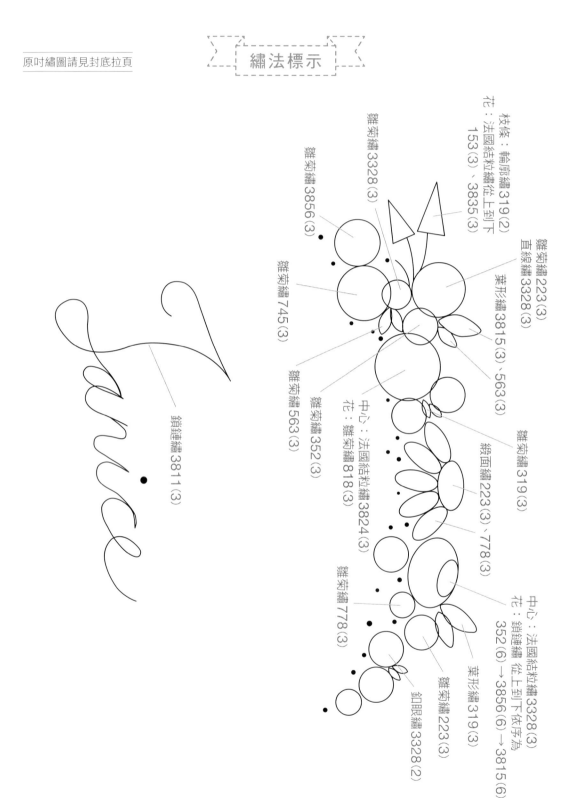

枝條：輪廓繡319(2)
直線繡3328(3)
花：法國結粒繡從上到下
153(3)、3835(3)

雛菊繡3328(3)

雛菊繡3856(3)

雛菊繡745(3)

雛菊繡3328(3)

雛菊繡223(3)

葉形繡3815(3)、563(3)

雛菊繡319(3)

緞面繡223(3)、778(3)

中心：法國結粒繡3824(3)
花：雛菊繡818(3)

雛菊繡563(3)

雛菊繡352(3)

雛菊繡778(3)

中心：法國結粒繡3328(3)
花：鎖鍊繡從上到下依序為
352(6)→3856(6)→3815(6)

葉形繡319(3)

雛菊繡223(3)

鈕眼繡3328(2)

鎖鍊繡3811(3)

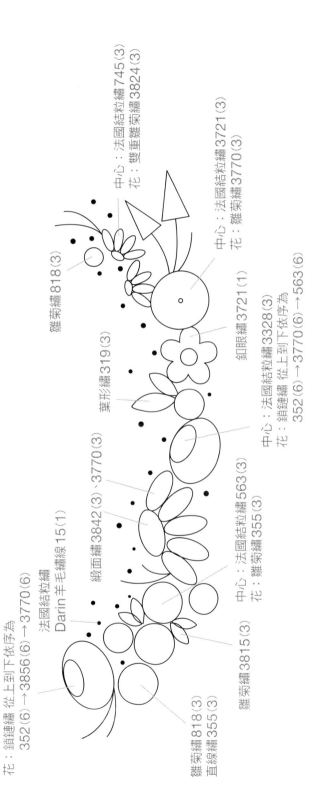

中心：法國結粒繡 745 (3)
花：雙重雛菊繡 3824 (3)

中心：法國結粒繡 3721 (3)
花：雛菊繡 3770 (3)

中心：法國結粒繡 3328 (3)
花：鎖鏈繡 從上到下依序為
352 (6) → 3770 (6) → 563 (6)

釦眼繡 3721 (1)

雛菊繡 818 (3)

葉形繡 319 (3)

緞面繡 3842 (3)、3770 (3)

法國結粒繡
Darin 羊毛繡線 15 (1)

中心：法國結粒繡 563 (3)
花：雛菊繡 355 (3)

中心：法國結粒繡 3328 (3)
花：鎖鏈繡 從上到下依序為
352 (6) → 3856 (6) → 3770 (6)

雛菊繡 3815 (3)

雛菊繡 818 (3)
直線繡 355 (3)

・若沒有特別標示繡線名稱，皆使用 DMC 25 號繡線。
・標記順序為：針法→繡線號碼→（繡線股數）。
例如：雛菊繡 169 (3)，使用 3 股 169 號繡線來完成雛菊繡。

Floral embroidery_ 14

藤編野餐花籃

~ How to Make ~

〔布料〕
100% 天藍色棉布

〔使用的繡線〕
DMC 25 號繡線 92, 746, 819, 936, 3031, 3713
DMC 4 號線 2222, 2223, 2746, Blanc
ROSA 羊毛繡線 粉色 17，象牙白
羔羊毛線 膚色，米色

〔使用的針法〕
捲線繡、籃網繡、直線繡、輪廓繡、單邊編織捲線繡、纜繩繡、羽毛繡、法國結粒繡

〔其他材料〕
20mm 的毛線球編織器

原吋繡圖

・若沒有特別標示繡線名稱，皆使用DMC 25號繡線。
・標記順序為：針法→繡線號碼→（繡線股數）。
例如：雛菊繡169⑶，使用3股169號繡線來完成雛菊繡。

繡法標示

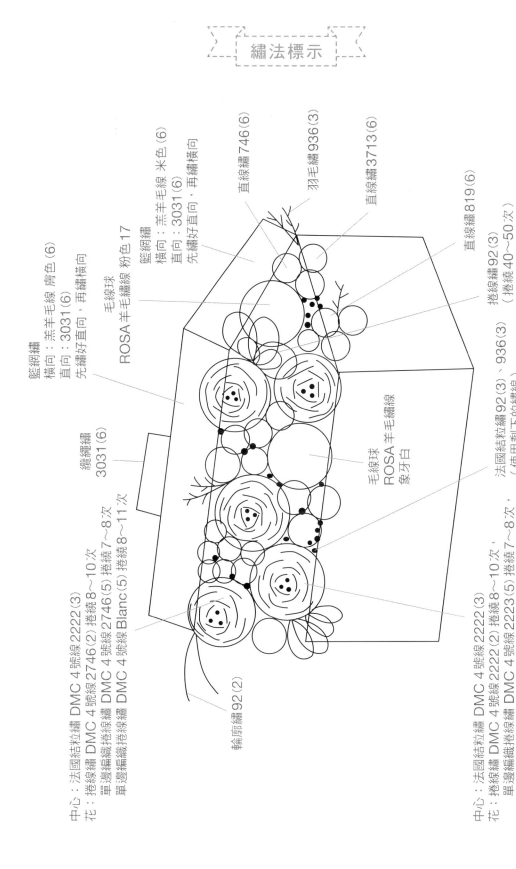

籃網繡
橫向：羔羊毛線 膚色 (6)
直向：3031 (6)
先繡好直向，再繡橫向

籃網繡
橫向：羔羊毛線 米色 (6)
直向：3031 (6)
先繡好直向，再繡橫向

毛線球
ROSA羊毛繡線 粉色 17

直線繡 746 (6)

羽毛繡 936 (3)

直線繡 3713 (6)

直線繡 819 (6)

捲線繡 92 (3)
(捲繞 40～50次)

鎖繩繡
3031 (6)

毛線球
ROSA羊毛繡線
象牙白

法國結粒繡 92 (3)、936 (3)
捲繞 7～8次，
捲繞 8～11次

輪廓繡 92 (2)

中心：法國結粒繡 DMC 4號線 2222 (3)
花：捲線繡 DMC 4號線 2222 (2) 捲繞 8～10次
　　單邊編織捲線繡 DMC 4號線 2746 (5) 捲繞 7～8次
　　單邊編織捲線繡 DMC 4號線 Blanc (5) 捲繞 8～11次

中心：法國結粒繡 DMC 4號線 2222 (3)
花：捲線繡 DMC 4號線 2222 (2) 捲繞 8～10次，
　　單邊編織捲線繡 DMC 4號線 2223 (5) 捲繞 7～8次，
　　單邊編織捲線繡 DMC 4號線 Blanc (5) 捲繞 8～11次

芍藥與
非洲菊花籃

How to Make

〔布料〕

粉紅色棉麻布

〔使用的繡線〕

DMC 25號繡線 838, Blanc

Darin羊毛繡線 21, 23, 24, 54, 55, 56, 73, 76, 87, 95, 104, 118, 128

羔羊毛線 米色

EdMarBoucle繡線 000

〔使用的針法〕

雛菊繡、籃網繡、捲線繡、直線繡、輪廓繡、扭轉鎖鏈繡、羽毛繡、法國結粒繡

蝴蝶結造型刺繡

01 在布面上做出一個環，當作蝴蝶結的左半邊。

02 將穿好繡線的針從蝴蝶結的中心穿出來。

03 在右側做出另一個環，當作蝴蝶結的右半邊。

04 將針再次從蝴蝶結的中心穿出來。

05 使用直線繡縫製中間的結，固定住蝴蝶結的兩邊。

06 讓蝴蝶結服貼於布面。

07 將針再次從蝴蝶結的中心穿出來。

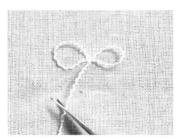

08 用剪刀修剪出需要的蝴蝶結長度。

09 打結後，再將針從中心位置的右端穿出來。

10 剪裁另一端需要的蝴蝶
結長度。

原吋繡圖

繡法標示

枝條：直線繡 Darin 羊毛繡線 128(1)
花：法國結粒繡 Darin 羊毛繡線 118(1)

法國結粒繡
Darin 羊毛繡線 23(2)

輪廓繡
Darin 羊毛繡線 95(1)

直線繡
Darin 羊毛繡線 95(1)

直線繡 Darin 羊毛繡線 23(2)
疊四層填滿圖面＋
雛菊繡
Darin 羊毛繡線 21、24(1)

枝條：輪廓繡 Darin 羊毛繡線 73(1)
葉子：扭轉鎖鏈繡 鎖鏈繡 Darin 羊毛繡線
73(1)

枝條：輪廓繡 Darin 羊毛繡線 104(1)
葉子：使用 Darin 羊毛繡線 54(2)、
55(2)，以直線繡和雛菊繡交
錯填滿圖面

羽毛繡 Darin 羊毛繡線
56(2)

枝條：輪廓繡
Darin 羊毛繡線 73(1)
果實：法國結粒繡
Darin 羊毛繡線 87(1)＋76(2)
（由下往上完成刺繡，
大果實捲繞 2 次，
上方的小果實捲繞 1 次）

中心：法國結粒繡 Darin 羊毛繡線 23(2)
捲線繡 Darin 羊毛繡線 21（2 股，捲繞
7～10 次）
捲線繡 Darin 羊毛繡線 24（2 股，捲繞
10～14 次）

使用 EdMarBoucle 繡線 000(1)
製作出蝴蝶結的造型
（也可使用 Blanc(3)）

籃網繡（先繡好橫向，再繡直向）
橫向：DMC 25 號線 838(6)
直向：羔羊毛線 米色 (6)

・若沒有特別標示繡線名稱，皆使用 DMC 25 號繡線。
・標記順序為：針法→繡線號碼→（繡線股數）。
例如：雛菊繡 169(3)，使用 3 股 169 號繡線來完成雛菊繡。

夏日花籃

❧ How to Make ❧

〔布料〕
100% 麻布

〔使用的繡線〕
DMC 25 號繡線 645, 937, 3024, 3053, 3712, 3770, 3865
Blossom 羊毛繡線 008G, 038G, 052G
ROSA 羊毛繡線 紅色 3，粉色 19，紫色 6
Pure Cotton（100% 純棉）編織線 奶油色 149
Malabrigo 美麗諾羊毛繡線 Natural（亦可使用純棉編織線 奶油色 149）
Malabrigo 蕾絲羊毛繡線 Natural（亦可使用 Darin 羊毛繡線 76）、Polar Morn（亦可使用 Darin 羊毛繡線 2）
Darin 羊毛繡線 BB, 24

〔使用的針法〕
蕾絲繡、俄羅斯鎖鏈繡、平針繡、立體杯形繡、葉形繡、回針繡、釦眼繡、變形釦眼繡、穿線平針繡、鎖鏈繡、纜繩繡、珊瑚繡、羽毛繡、法國結粒繡

〔其他材料〕
蕾絲、小珠子、直徑 3mm 的珍珠、直徑 5mm 的珍珠

原吋繡圖

· 若沒有特別標示繡線名稱，皆使用DMC 25號繡線。
· 標記順序為：針法→繡線號碼→（繡線股數）。
例如：雛菊繡169(3)，使用3股169號繡線來完成雛菊繡。

繡法標示

俄羅斯鎖鏈鎖繡 Darin 羊毛繡線 BB(1)
法國結粒鎖繡 Blossom 羊毛繡線 038G(1)

羽毛繡 3770(4)

釘眼繡 3770(1)

變形釘眼繡 Pure Cotton 編織線
奶油色 149(4)
中心：直徑 5mm 的珍珠
法國結粒鎖繡

Darin 羊毛繡線 24(1)
穿線平針繡
Malabrigo 美麗諾羊毛繡線
Natural(1)
（亦可使用 Pure Cotton
編織線 149）
中心線：回針繡 3770(3)

葉形繡
3024(6)

葉形繡
3053(6)

釘眼繡
3865(1)

釘眼繡 3770(1)

使用法國結粒繡
645(6)、937(6) 填滿空白處

毛線球
ROSA 羊毛繡線
紫色 6

中心：法國結粒鎖繡 3712(3)
花：Blossom 羊毛繡線
008G(1)

珊瑚繡 645(6)

中心：法國結粒繡 3712(3)
花：鎖鏈繡 Blossom 羊毛繡線 038G(1)

羽毛繡 937(4)

珊瑚繡 3770(6)

中心：法國結粒繡 3712(3)
花：鎖鏈繡
Blossom 羊毛繡線 052G(1)
花：立體杯形繡
Malabrigo 雷絲羊毛繡線
Polar Morn(1)
（亦可使用 Darin 羊毛
繡線 2(2)）
纜繩鎖繡 3865(6)

中心：直徑 3mm 的珍珠
花：立體杯形繡
Malabrigo 雷絲羊毛繡線
Natural(1)
（亦可使用
Darin 羊毛繡線 76(2)）
用珠子填滿杯內

中心：直徑 5mm 的
珍珠
花：變形釘眼繡
ROSA 羊毛繡線
粉色 19(5)、
ROSA 羊毛繡線
紅色 3(5)

放上蕾絲後，使用平針繡固定再繼續刺繡
邊緣：回針繡 3865(6)
花籃：蕾絲繡 3865(6)

153

漸層色
花草裝飾

How to Make

〔布料〕

100%淺黃麻布

〔使用的繡線〕

DMC 25號繡線 03, 151, 224, 451, 452, 501, 520, 760, 819, 840, 917, 3363, 3712, 3721, 3779, 3857, 3881, Blanc

DMC 5號線 4145

羔羊毛線 米色

Darin 羊毛繡線 27

A.F.E 特殊繡線 粉色套組10號

〔使用的針法〕

葉形繡、籃網繡、鋸齒繡、髮辮繡、直線繡、鎖鏈繡、釘線繡、纜繩繡、羽毛繡、法國結粒繡、自由繡

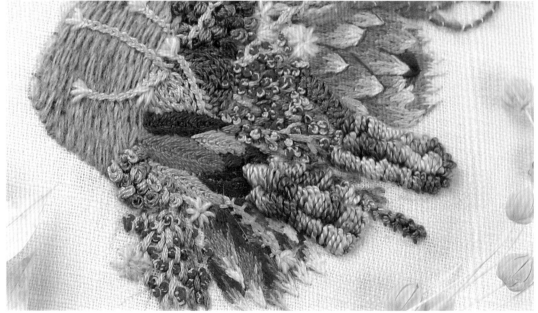

鐵絲花藝術

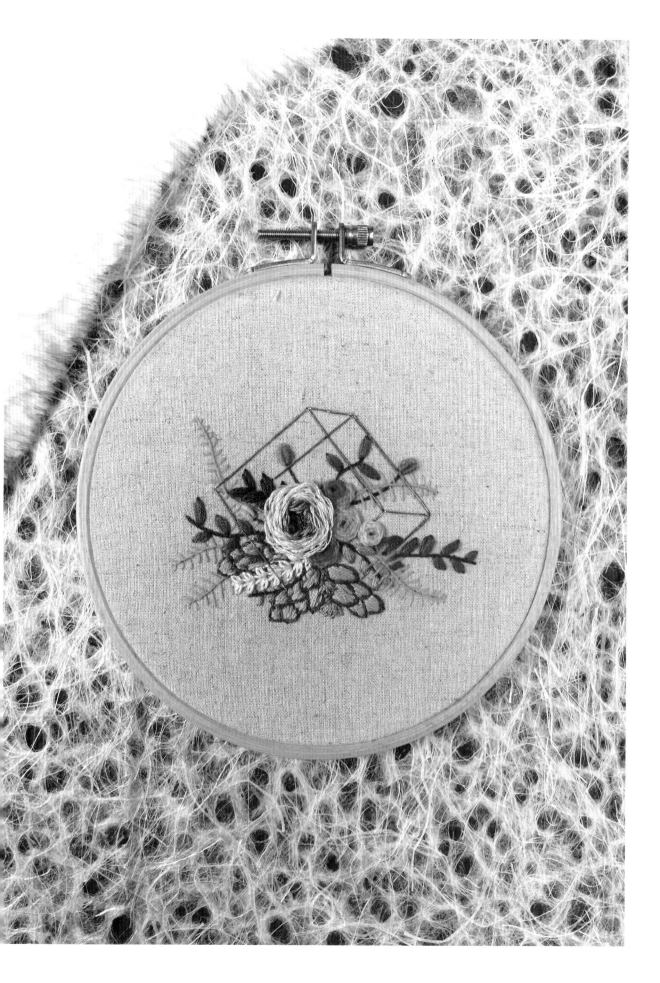

How to Make

〔布料〕
棉布

〔使用的繡線〕
DMC 25號繡線 25, 335, 734, 830, 935, 937,
3364, 3835, 3836, 3866
Darin 羊毛繡線 Gold, 127 Blossom
羊毛繡線 038G, 041G

〔使用的針法〕
俄羅斯鎖鏈繡、雛菊繡、捲線繡、緞面繡、土耳其結粒繡、
莖幹玫瑰繡、直線繡、輪廓繡、法國結粒繡

繡
球
花

生
日
卡

花束
婚禮賀卡

Floral embroidery _ 21

古董花瓶

原吋繡圖

• 若沒有特別標示繡線名稱，皆使用DMC 25號繡線。
• 標記順序為：針法→繡線號碼→（繡線股數）。
例如：雛菊繡169(3)，使用3股169號繡線來完成雛菊繡。

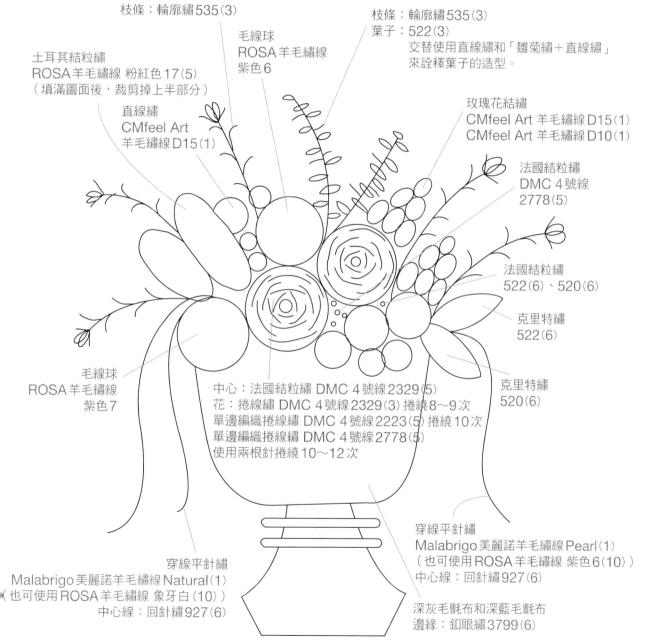

繡法標示

花：捲線繡 CMfeel Art 羊毛繡線 D03（1）捲繞12次
花萼：飛鳥繡 CMfeel Art 羊毛繡線 D19（1）
葉子：扭轉鎖鏈繡 CMfeel Art 羊毛繡線 D14（1），
　　　CMfeel Art 羊毛繡線 D19（1）
枝條：輪廓繡 535（3）

枝條：輪廓繡 535（3）
葉子：522（3）
交替使用直線繡和「雛菊繡＋直線繡」
來詮釋葉子的造型。

毛線球
ROSA 羊毛繡線
紫色 6

土耳其結粒繡
ROSA 羊毛繡線 粉紅色 17（5）
（填滿圖面後，裁剪掉上半部分）

玫瑰花結繡
CMfeel Art 羊毛繡線 D15（1）
CMfeel Art 羊毛繡線 D10（1）

直線繡
CMfeel Art
羊毛繡線 D15（1）

法國結粒繡
DMC 4 號線
2778（5）

法國結粒繡
522（6）、520（6）

克里特繡
522（6）

毛線球
ROSA 羊毛繡線
紫色 7

中心：法國結粒繡 DMC 4 號線 2329（5）
花：捲線繡 DMC 4 號線 2329（3）捲繞8～9次
單邊編織捲線繡 DMC 4 號線 2223（5）捲繞 10次
單邊編織捲線繡 DMC 4 號線 2778（5）
使用兩根針捲繞 10～12次

克里特繡
520（6）

穿線平針繡
Malabrigo 美麗諾羊毛繡線 Pearl（1）
（也可使用 ROSA 羊毛繡線 紫色6（10））
中心線：回針繡 927（6）

穿線平針繡
Malabrigo 美麗諾羊毛繡線 Natural（1）
（也可使用 ROSA 羊毛繡線 象牙白（10））
中心線：回針繡 927（6）

深灰毛氈布和深藍毛氈布
邊緣：釦眼繡 3799（6）

大
麗
菊
茶
壺
花
束

✦ How to Make ✦

〔布料〕
100%白色麻布

〔使用的繡線〕
DMC 25號繡線 01, 02, 03, 221, 353, 451, 452,
453, 520, 758, 760, 800, 803, 819, 932, 948,
3363, 3752, 3830
大創竹節紗繡線 Natural

〔使用的針法〕
蕾絲繡、捲線繡、緞面繡、直線繡、蛛網玫瑰繡、輪廓繡、
鎖鏈繡、法國結粒繡、麥穗繡

原吋繡圖

· 若沒有特別標示繡線名稱，皆使用DMC 25號繡線。
· 標記順序為：針法→繡線號碼→（繡線股數）。
例如：雛菊繡169(3)，使用3股169號繡線來完成雛菊繡。

繡法標示

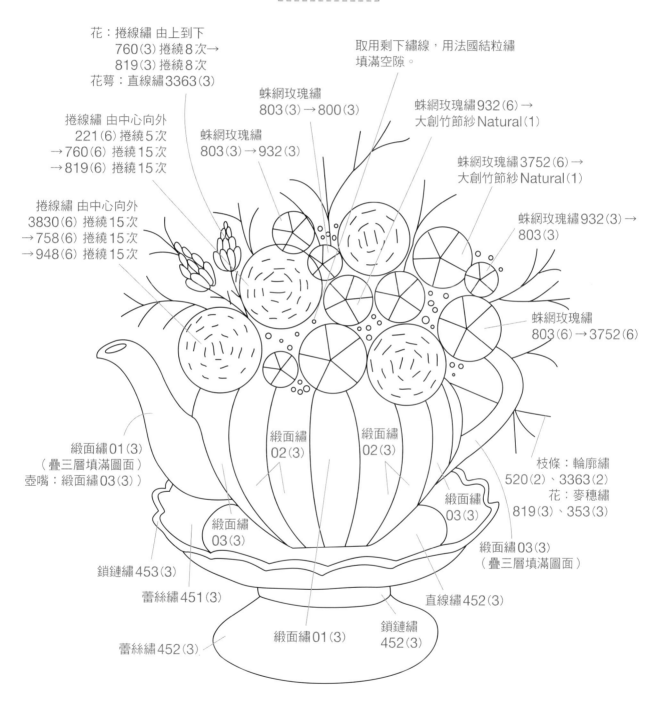

花：捲線繡 由上到下
760（3）捲繞 8 次→
819（3）捲繞 8 次
花萼：直線繡 3363（3）

取用剩下繡線，用法國結粒繡
填滿空隙。

捲線繡 由中心向外
221（6）捲繞 5 次
→760（6）捲繞 15 次
→819（6）捲繞 15 次

蛛網玫瑰繡
803（3）→800（3）

蛛網玫瑰繡
803（3）→932（3）

蛛網玫瑰繡 932（6）→
大創竹節紗 Natural（1）

捲線繡 由中心向外
3830（6）捲繞 15 次
→758（6）捲繞 15 次
→948（6）捲繞 15 次

蛛網玫瑰繡 3752（6）→
大創竹節紗 Natural（1）

蛛網玫瑰繡 932（3）→
803（3）

蛛網玫瑰繡
803（6）→3752（6）

緞面繡 01（3）
（疊三層填滿圖面）
壺嘴：緞面繡 03（3）

緞面繡
02（3）

緞面繡
02（3）

緞面繡
03（3）

緞面繡
03（3）

枝條：輪廓繡
520（2）、3363（2）
花：麥穗繡
819（3）、353（3）

緞面繡 03（3）
（疊三層填滿圖面）

鎖鏈繡 453（3）

蕾絲繡 451（3）

直線繡 452（3）

蕾絲繡 452（3）

緞面繡 01（3）

鎖鏈繡
452（3）

鳥籠花束

How to Make

〔布料〕
100%咖啡色麻布

〔使用的繡線〕

DMC 25號繡線 523, 524, 543, 611, 612, 800, 3078, 3755, 3768, 3776, 3821, 3823, 3856, 3865, Ecru

ROSA羊毛繡線 綠色8，象牙白色

Blossom羊毛繡線 023G

安哥拉毛線 象牙白

〔使用的針法〕
雛菊繡、玫瑰花結鎖鏈繡、長短針繡、葉形繡、髮辮繡、土耳其結粒繡、直線繡、輪廓繡、鎖鏈繡、單邊編織捲線繡、纏繩繡、羽毛繡、法國結粒繡、飛鳥繡

原吋繡圖

・若沒有特別標示繡線名稱，皆使用DMC 25號繡線。
・標記順序為：針法→繡線號碼→（繡線股數）。
例如：雛菊繡 169(3)，使用3股169號繡線來完成雛菊繡。

繡法標示

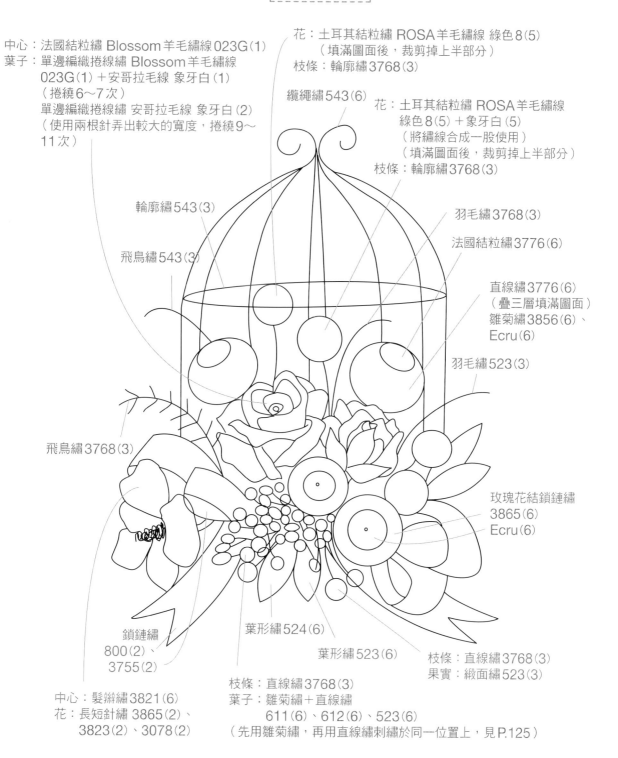

中心：法國結粒繡 Blossom 羊毛繡線 023G（1）
葉子：單邊編織捲線繡 Blossom 羊毛繡線
　　　023G（1）＋安哥拉毛線 象牙白（1）
　　　（捲繞6～7次）
　　　單邊編織捲線繡 安哥拉毛線 象牙白（2）
　　　（使用兩根針弄出較大的寬度，捲繞9～
　　　11次）

花：土耳其結粒繡 ROSA 羊毛繡線 綠色8（5）
　　（填滿圖面後，裁剪掉上半部分）
枝條：輪廓繡 3768（3）

纜繩繡 543（6）

花：土耳其結粒繡 ROSA 羊毛繡線
　　綠色8（5）＋象牙白（5）
　　（將繡線合成一股使用）
　　（填滿圖面後，裁剪掉上半部分）
枝條：輪廓繡 3768（3）

輪廓繡 543（3）

飛鳥繡 543（3）

羽毛繡 3768（3）

法國結粒繡 3776（6）

直線繡 3776（6）
（疊三層填滿圖面）
雛菊繡 3856（6）、
Ecru（6）

羽毛繡 523（3）

飛鳥繡 3768（3）

玫瑰花結鎖鏈繡
3865（6）、
Ecru（6）

鎖鏈繡
800（2）、
3755（2）

葉形繡 524（6）

葉形繡 523（6）

枝條：直線繡 3768（3）
果實：緞面繡 523（3）

中心：髮辮繡 3821（6）
花：長短針繡 3865（2）、
　　3823（2）、3078（2）

枝條：直線繡 3768（3）
葉子：雛菊繡＋直線繡
　　　611（6）、612（6）、523（6）
（先用雛菊繡，再用直線繡刺繡於同一位置上，見P.125）

197

Floral embroidery _ 24

秋日花語

❧ How to Make ❧

〔布料〕
100%白色麻布

〔使用的繡線〕
DMC 25號繡線 580, 647, 734, 936, 3371, 3787, 4068
Darin 羊毛繡線 79, 118
DMC 4號線 2102, 2221, 2223, 2354, 2778, 2948

〔使用的針法〕
雛菊繡、回針繡、直線繡、莖幹玫瑰繡、輪廓繡、單邊編織捲線繡、羽毛繡、法國結粒繡、飛鳥繡、魚骨繡

〔其他材料〕
monami 布料彩繪筆470 灰色、黃綠色、綠色

原吋繡圖

· 若沒有特別標示繡線名稱，皆使用DMC 25號繡線。
· 標記順序為：針法→繡線號碼→（繡線股數）。
例如：雛菊繡169(3)，使用3股169號繡線來完成雛菊繡。

繡法標示

中心：法國結粒繡 DMC 4 號線 2354(5)
花：單邊編織捲線繡 DMC 4 號線 2102(5) 捲繞 7 次
　　單邊編織捲線繡 DMC 4 號線 2948(5) 捲繞 10～12 次

枝條：回針繡 4068(2)
果實：雛菊繡 4068(2)

使用 monami 布料彩繪筆 470
灰色、黃綠色、綠色填滿圖面

中心：法國結粒繡
DMC 4 號線 2221(5)
花：莖幹玫瑰繡 DMC 4 號線
2223(5)→ 2778(5)

法國結粒繡 DMC 4 號線 2354(3)

直線繡 DMC 4 號線 2354(2)
（疊三層填滿圖面）
雛菊繡 DMC 4 號線 2102(3)、
DMC 4 號線 2948(3)

枝條：羽毛繡 3371(4)
葉子：雛菊繡 Darin 羊毛
繡線 79(1)、118(1)
（在相反方向堆疊多層
完成刺繡）

枝條：輪廓繡 3371(2)
葉子：飛鳥繡 4068(2)

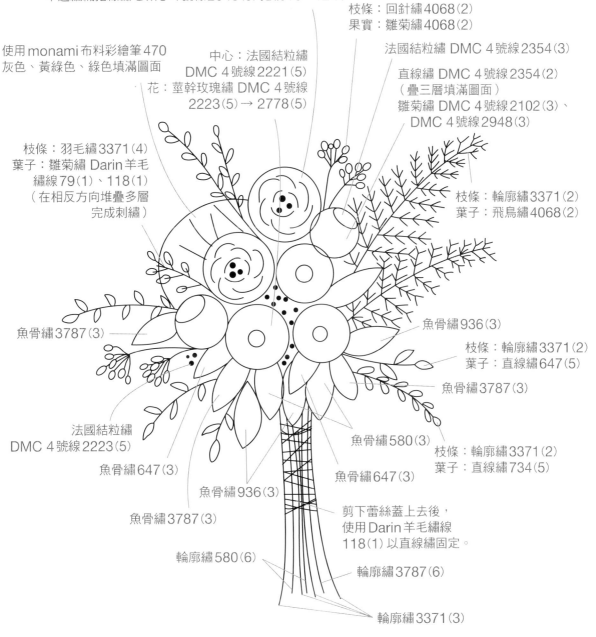

魚骨繡 3787(3)

魚骨繡 936(3)

枝條：輪廓繡 3371(2)
葉子：直線繡 647(5)

魚骨繡 3787(3)

法國結粒繡
DMC 4 號線 2223(5)

魚骨繡 580(3)

枝條：輪廓繡 3371(2)
葉子：直線繡 734(5)

魚骨繡 647(3)

魚骨繡 647(3)

魚骨繡 936(3)

剪下蕾絲蓋上去後，
使用 Darin 羊毛繡線
118(1) 以直線繡固定。

魚骨繡 3787(3)

輪廓繡 580(6)

輪廓繡 3787(6)

輪廓繡 3371(3)

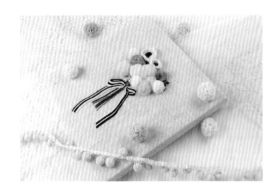

黃色毛球花束

How to Make

〔布料〕
100% 米色麻布

〔使用的繡線〕
DMC 25 號繡線 158, 500, 783, 833, 939, 987,
988, Blanc
DMC 4 號線 2579
羔羊毛線 Natural
ROSA 羊毛繡線 黃色 1
Malabrigo 美麗諾羊毛繡線 Natural
Appletons 羊毛繡線 146

〔使用的針法〕
立體杯形繡、肋骨蛛網繡、回針繡、土耳其結粒繡、輪廓
繡、輪廓填色繡、單邊編織捲線繡、法國結粒繡

原吋繡圖

・若沒有特別標示繡線名稱，皆使用DMC 25號繡線。
・標記順序為：針法→繡線號碼→（繡線股數）。
例如：雛菊繡 169(3)，使用3股169號繡線來完成雛菊繡。

繡法標示

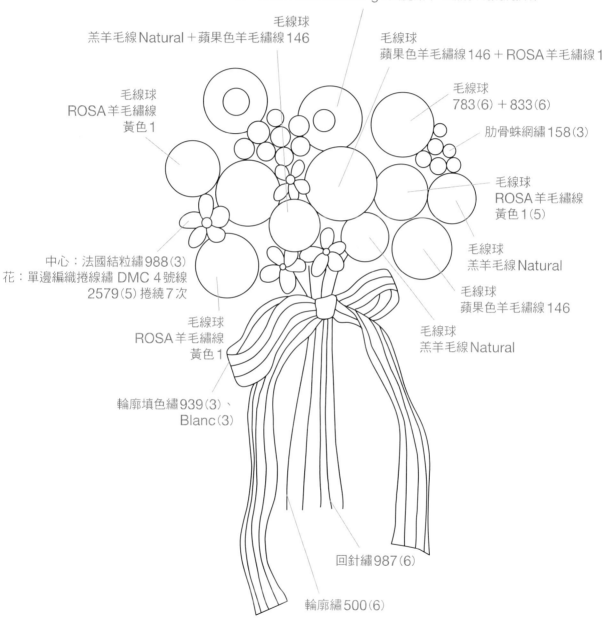

中心：土耳其結粒繡939(6)（填滿圖面後，裁剪掉上半部分）
花：立體杯形繡 Malabrigo 美麗諾羊毛繡線Natural(1)

毛線球
羔羊毛線Natural＋蘋果色羊毛繡線146

毛線球
蘋果色羊毛繡線146＋ROSA羊毛繡線1

毛線球
ROSA羊毛繡線
黃色1

毛線球
783(6)＋833(6)

肋骨蛛網繡158(3)

毛線球
ROSA羊毛繡線
黃色1(5)

毛線球
羔羊毛線Natural

中心：法國結粒繡988(3)
花：單邊編織捲線繡 DMC 4號線
2579(5) 捲繞7次

毛線球
蘋果色羊毛繡線146

毛線球
ROSA羊毛繡線
黃色1

毛線球
羔羊毛線Natural

輪廓填色繡939(3)、
Blanc(3)

回針繡987(6)

輪廓繡500(6)

繡球花束

How to Make

〔布料〕
100%格紋麻布

〔使用的繡線〕
DMC 25號繡線 31, 159, 160, 315, 317, 472, 520, 522, 931, 3363, 3364, 3807
DMC 4號線 2012, 2101, 2166, 2758, 2759
Valdani繡線 PT12
ROSA羊毛繡線 象牙白
Darin羊毛繡線 118

〔使用的針法〕
雛菊繡、緞面繡、土耳其結粒繡、直線繡、輪廓繡、編織
葉形繡、單邊編織捲線繡、法國結粒繡、魚骨繡

原吋繡圖

· 若沒有特別標示繡線名稱，皆使用DMC 25號繡線。
· 標記順序為：針法→繡線號碼→（繡線股數）。
例如：雛菊繡169(3)，使用3股169號繡線來完成雛菊繡。

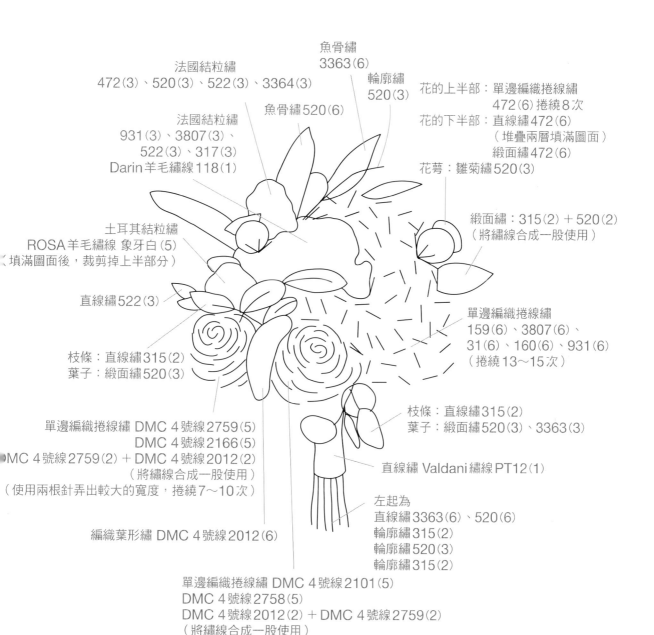

繡法標示

魚骨繡
3363（6）

法國結粒繡
472（3）、520（3）、522（3）、3364（3）

魚骨繡 520（6）

輪廓繡
520（3）

花的上半部：單邊編織捲線繡
472（6）捲繞 8 次
花的下半部：直線繡 472（6）
（堆疊兩層填滿圖面）
緞面繡 472（6）
花萼：雛菊繡 520（3）

法國結粒繡
931（3）、3807（3）、
522（3）、317（3）
Darin 羊毛繡線 118（1）

緞面繡：315（2）＋520（2）
（將繡線合成一股使用）

土耳其結粒繡
ROSA 羊毛繡線 象牙白（5）
（填滿圖面後，裁剪掉上半部分）

直線繡 522（3）

單邊編織捲線繡
159（6）、3807（6）、
31（6）、160（6）、931（6）
（捲繞 13～15 次）

枝條：直線繡 315（2）
葉子：緞面繡 520（3）

枝條：直線繡 315（2）
葉子：緞面繡 520（3）、3363（3）

單邊編織捲線繡 DMC 4 號線 2759（5）
DMC 4 號線 2166（5）
DMC 4 號線 2759（2）＋ DMC 4 號線 2012（2）
（將繡線合成一股使用）
（使用兩根針弄出較大的寬度，捲繞 7～10 次）

直線繡 Valdani 繡線 PT12（1）

左起為
直線繡 3363（6）、520（6）
輪廓繡 315（2）
輪廓繡 520（3）
輪廓繡 315（2）

編織葉形繡 DMC 4 號線 2012（6）

單邊編織捲線繡 DMC 4 號線 2101（5）
DMC 4 號線 2758（5）
DMC 4 號線 2012（2）＋ DMC 4 號線 2759（2）
（將繡線合成一股使用）
（使用兩根針弄出較大的寬度，捲繞 7～10 次）

蝴蝶結芍藥花束

How to Make

〔布料〕
條紋棉混紡布

〔使用的繡線〕
DMC 25號繡線 225, 413, 451, 518, 775, 926,
927, 3712, 3832, 3865
ROSA羊毛繡線 紫色6，紫色7，粉色17，象牙白
日本Cosmo繡線 8057
Cotton Flower編織線（棉紗混紡） 粉色
A.F.E麻線 414

〔使用的針法〕
雛菊繡、回針繡、捲線繡、直線繡、蛛網玫瑰繡、輪廓繡、
纏繩繡、珊瑚繡、封閉式羽毛繡、羽毛繡、法國結粒繡、
飛鳥繡、繞線平針繡、繞線回針繡

原吋繡圖請見封底拉頁

繡法標示

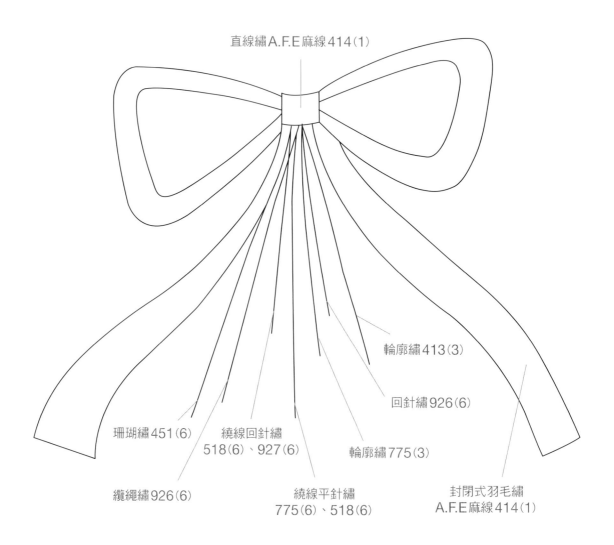

直線繡 A.F.E 麻線 414（1）

輪廓繡 413（3）

回針繡 926（6）

珊瑚繡 451（6）

繞線回針繡
518（6）、927（6）

輪廓繡 775（3）

纜繩繡 926（6）

繞線平針繡
775（6）、518（6）

封閉式羽毛繡
A.F.E 麻線 414（1）

· 若沒有特別標示繡線名稱，皆使用 DMC 25 號繡線。
· 標記順序為：針法→繡線號碼→（繡線股數）。
例如：雛菊繡 169（3），使用 3 股 169 號繡線來完成雛菊繡。

中心：蛛網玫瑰繡 ROSA 羊毛繡線 紫色7(5)
花：蛛網玫瑰繡
　　ROSA 羊毛繡線 紫色6(2) ＋ ROSA 繡線 象牙白(2)
　　（將繡線合成一股使用）

枝條：輪廓繡775(3)
外側的葉子：雛菊繡775(6)
內側的葉子：雛菊繡518(6)

枝條：飛鳥繡926(6)
果實：法國結粒繡
　　　ROSA 羊毛繡線 粉色17(3)

中心：蛛網玫瑰繡
ROSA 羊毛繡線 紫色7(5)
花：蛛網玫瑰繡
ROSA 羊毛繡線 紫色6(5)

纏繩繡451(6)

回針繡926(6)

取用剩下繡線，
用法國結粒繡填滿空隙。

羽毛繡451(6)

法國結粒繡3712(6)

直線繡3712(6) 堆疊四層填滿圖面，
雛菊繡225(6)、3865(3)

中心：法國結粒繡3712(3)
花：蛛網玫瑰繡
　　ROSA 羊毛繡線 象牙白(5)

回針繡
451(6)

捲線繡 Cosmo 8057(3)
捲繞20次

輪廓繡413(3)

枝條：輪廓繡413(3)
葉子：交錯使用雛菊繡和直線繡
葉子上半部：927(3)
葉子下半部：926(3)

中心：法國結粒繡 3832(3)
花：單邊編織捲線繡
　　Cotton Flower編織線 淡粉色(1) 捲繞20次
　　（亦可使用DMC 4號線2223）

Floral embroidery _ 28

百日紅花束

❧ How to Make ❧

〔布料〕
100%米色麻布

〔使用的繡線〕
DMC 25號繡線 154, 169, 611, 746, 839, 935,
3041, 3743, Blanc
Darin羊毛繡線 24, 35, 36
ROSA羊毛繡線 粉色14，粉色15，灰色2，象牙白
A.F.E art繡線 深綠色套組（1, 4, 5, 8）

〔使用的針法〕
釦眼繡、變形釦眼繡、捲線繡、緞面繡、土耳其結粒繡、
直線繡、莖幹繡變形、輪廓繡、纜繩繡、法國結粒繡

原吋繡圖

・若沒有特別標示繡線名稱，皆使用DMC 25 號繡線。
・標記順序為：針法→繡線號碼→（繡線股數）。
例如：雛菊繡 169(3)，使用3股 169 號繡線來完成雛菊繡。

繡法標示

花：捲線繡 Darin 羊毛繡線 24(1)、
　　Darin 羊毛繡線 36(1)、
　　Darin 羊毛繡線 35(1)（捲繞 9 次）
枝條：輪廓繡 935(2)
　　　直線繡 935(2)

法國結粒繡
ROSA 羊毛繡線
粉色 14(3)
ROSA 羊毛繡線
粉色 15(3)

釦眼繡 169(2)

土耳其結粒繡
A.F.E art 繡線 深綠色套組 1(1)
A.F.E art 繡線 深綠色套組 4(1)
A.F.E art 繡線 深綠色套組 5(1)
A.F.E art 繡線 深綠色套組 8(1)
（使用 art 繡線填滿空白處）

花：變形釦眼繡
ROSA 羊毛繡線 粉色 14(5)
ROSA 羊毛繡線 粉色 15(5)
花萼：直線繡
　　　ROSA 羊毛繡線
　　　灰色 2(5)

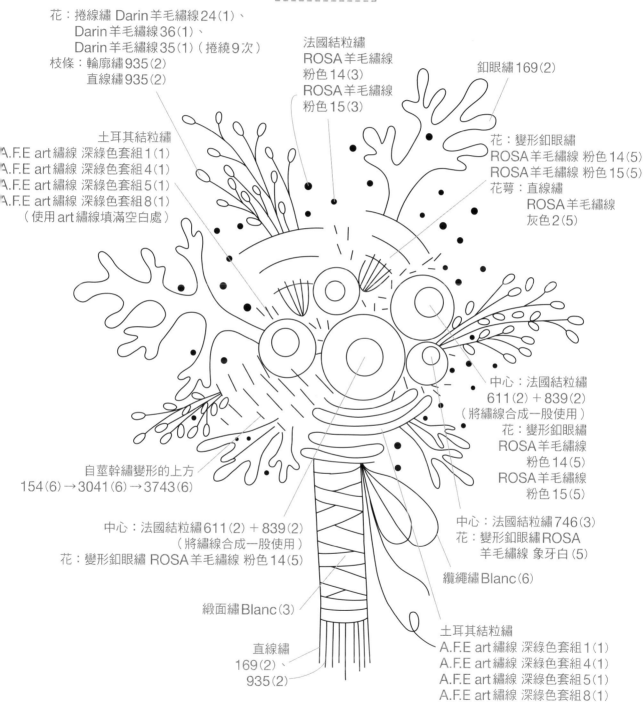

中心：法國結粒繡
611(2) ＋ 839(2)
（將繡線合成一股使用）
花：變形釦眼繡
ROSA 羊毛繡線
粉色 14(5)
ROSA 羊毛繡線
粉色 15(5)

自莖幹繡變形的上方
154(6) → 3041(6) → 3743(6)

中心：法國結粒繡 611(2) ＋ 839(2)
（將繡線合成一股使用）
花：變形釦眼繡 ROSA 羊毛繡線 粉色 14(5)

中心：法國結粒繡 746(3)
花：變形釦眼繡 ROSA
　　羊毛繡線 象牙白 (5)

纜繩繡 Blanc(6)

緞面繡 Blanc(3)

直線繡
169(2)、
935(2)

土耳其結粒繡
A.F.E art 繡線 深綠色套組 1(1)
A.F.E art 繡線 深綠色套組 4(1)
A.F.E art 繡線 深綠色套組 5(1)
A.F.E art 繡線 深綠色套組 8(1)

227

Floral embroidery _ 29

海芋捧花

How to Make

〔布料〕
灰藍色棉麻布

〔使用的繡線〕
DMC 25 號繡線 452, 453, 522, 948, 950, 951, 3051, 3053, 3363, 3774, 3859, 3880
DMC 4 號線 2228, 2229, 2328
Darin 羊毛繡線 77
絲綢緞帶 0.8mm 寬，白色

〔使用的針法〕
雛菊繡、長短針繡、葉形繡、捲線繡、直線繡、輪廓繡、釘線繡、珊瑚繡、羽毛繡、法國結粒繡、魚骨繡

〔其他材料〕
2mm 厚的白色軟毛氈布、透明串珠線

原吋繡圖

繡法標示

依照圖案大小裁剪毛氈布後，於中心位置使用
3880（6）繡線，運用捲線繡捲繞，並記得保持
繡線的鬆弛度。接著再使用透明串珠線固定。

中心：捲線繡3859（6）捲繞7次
花：捲線繡3859（6）捲繞10次
捲線繡3774（6）捲繞15次

中心：法國結粒繡3859（6）
直線繡3774（6）堆疊三層填滿圖面，
在圖面上方使用3774（6）色號的繡線，
運用長短針繡製作出花苞

雛菊繡950（2）、
951（2）、948（2）

枝條：輪廓繡452（6）
葉子：羽毛繡453（6）

法國結粒繡
3363（3）、3053（3）

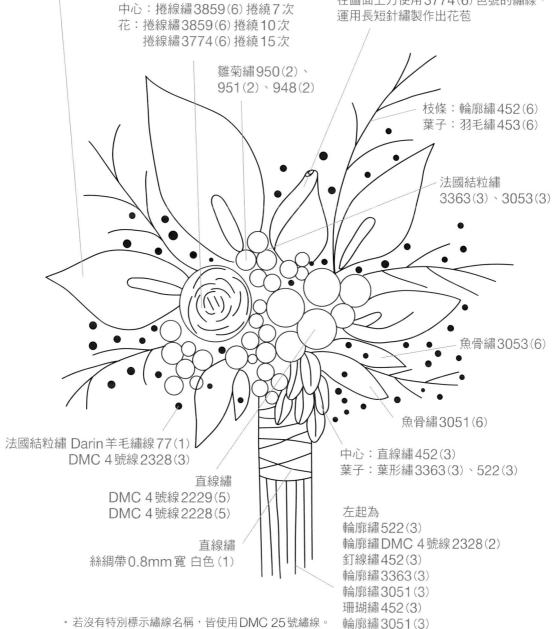

魚骨繡3053（6）

法國結粒繡 Darin 羊毛繡線77（1）
DMC 4 號線2328（3）

魚骨繡3051（6）

直線繡
DMC 4 號線2229（5）
DMC 4 號線2228（5）

中心：直線繡452（3）
葉子：葉形繡3363（3）、522（3）

直線繡
絲綢帶0.8mm寬 白色（1）

左起為
輪廓繡522（3）
輪廓繡DMC 4 號線2328（2）
釘線繡452（3）
輪廓繡3363（3）
輪廓繡3051（3）
珊瑚繡452（3）
輪廓繡3051（3）

· 若沒有特別標示繡線名稱，皆使用DMC 25 號繡線。
· 標記順序為：針法→繡線號碼→（繡線股數）。
例如：雛菊繡169（3），使用3股169號繡線來完成雛菊繡。

233

綠意滿屋

How to Make

〔布料〕
100% 白棉布

〔使用的繡線〕
DMC 25 號繡線 413, 472, 522, 524, 611, 799, 815, 838, 926, 927, 964, 3045, 3884, Blanc
Darin 羊毛繡線 12, 13, 15, 29, 118

〔使用的針法〕
雛菊繡、捲線繡、直線繡、輪廓繡、釘線繡、單邊編織捲線繡、珊瑚繡、克里特繡、扭轉鎖鏈繡、法國結粒繡、魚骨繡、人字繡

〔其他材料〕
monami 布料彩繪筆 470 咖啡色、橘色、紫色、綠色、灰色、黃綠色

布料彩繪筆使用方法

01 準備咖啡色、橘色、紫色、綠色、灰色、黃綠色的布料彩繪筆。

02 先用黃綠色和咖啡色的筆,以點狀點滿圖面。

03 接著使用橘色和綠色的筆把其餘空隙填滿。請稍微點上橘色即可。

04 使用紫色和灰色繪製陰影。此步驟請勿將顏色填滿圖面,在極小的範圍內點上顏色即可。

兩根針的使用方法

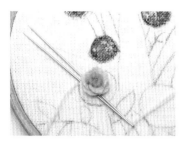

01 使用單邊編織捲線繡（P.41）刺繡時，取另一根針呈V字型插入旁邊。（如果想製作尺寸更大的花瓣，插針的位置可以更寬一點）

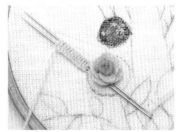

02 在兩根針之間使用單邊編織捲線繡。一邊刺繡，一邊調整針的角度，使原本呈V字型的兩根針逐漸調整為水平。

03 為避免完成的刺繡鬆開，要確實用手指捏住成品，再將兩根針都取出來。上圖為完成的模樣。

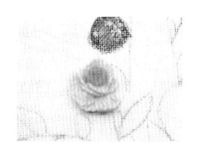

04 用相同的方法，製作出第二瓣花瓣的模樣。

原吋繡圖

· 若沒有特別標示繡線名稱，皆使用DMC 25號繡線。
· 標記順序為：針法→繡線號碼→（繡線股數）。
例如：雛菊繡169⑶，使用3股169號繡線來完成雛菊繡。

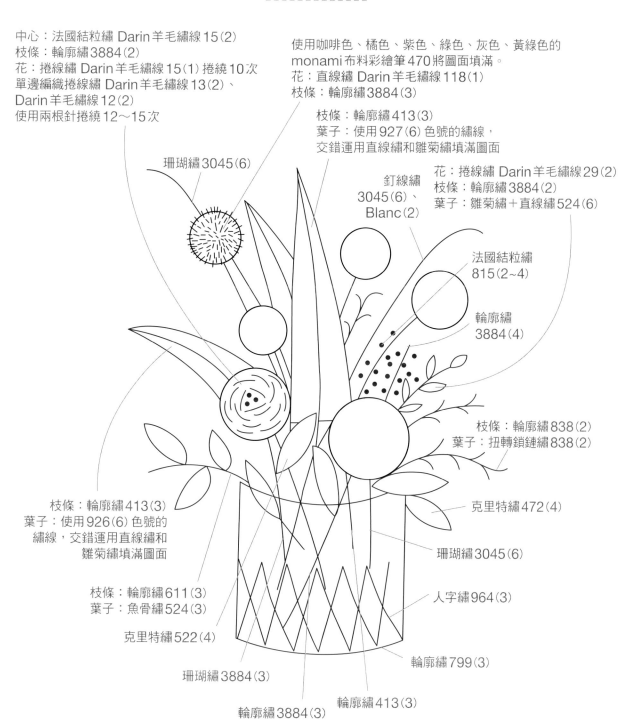

繡法標示

中心：法國結粒繡 Darin 羊毛繡線15(2)
枝條：輪廓繡3884(2)
花：捲線繡 Darin 羊毛繡線15(1) 捲繞10次
單邊編織捲線繡 Darin 羊毛繡線13(2)、
Darin 羊毛繡線12(2)
使用兩根針捲繞12～15次

使用咖啡色、橘色、紫色、綠色、灰色、黃綠色的
monami 布料彩繪筆470將圖面填滿。
花：直線繡 Darin 羊毛繡線118(1)
枝條：輪廓繡3884(3)

珊瑚繡3045(6)

枝條：輪廓繡413(3)
葉子：使用927(6)色號的繡線，
交錯運用直線繡和雛菊繡填滿圖面

釘線繡
3045(6)、
Blanc(2)

花：捲線繡 Darin 羊毛繡線29(2)
枝條：輪廓繡3884(2)
葉子：雛菊繡＋直線繡524(6)

法國結粒繡
815(2~4)

輪廓繡
3884(4)

枝條：輪廓繡838(2)
葉子：扭轉鎖鏈繡838(2)

克里特繡472(4)

珊瑚繡3045(6)

枝條：輪廓繡413(3)
葉子：使用926(6)色號的
繡線，交錯運用直線繡和
雛菊繡填滿圖面

人字繡964(3)

枝條：輪廓繡611(3)
葉子：魚骨繡524(3)

克里特繡522(4)

珊瑚繡3884(3)

輪廓繡799(3)

輪廓繡3884(3)

輪廓繡413(3)

芍藥捧花

How to Make

〔布料〕
100% 咖啡色麻布

〔使用的繡線〕
DMC 25號繡線 352, 353, 355, 415, 501, 503,
518, 775, 926, 927, 3325, 3765, 3768, 3799,
Blanc
A.F.E麻線 414

〔使用的針法〕
雛菊繡、回針繡、捲線繡、直線繡、輪廓繡、鎖鏈繡、扭
轉鎖鏈繡、羽毛繡、法國結粒繡、飛鳥繡、魚骨繡

原吋繡圖

・若沒有特別標示繡線名稱，皆使用DMC 25號繡線。
・標記順序為：針法→繡線號碼→（繡線股數）。
例如：雛菊繡169(3)，使用3股169號繡線來完成雛菊繡。

繡法標示

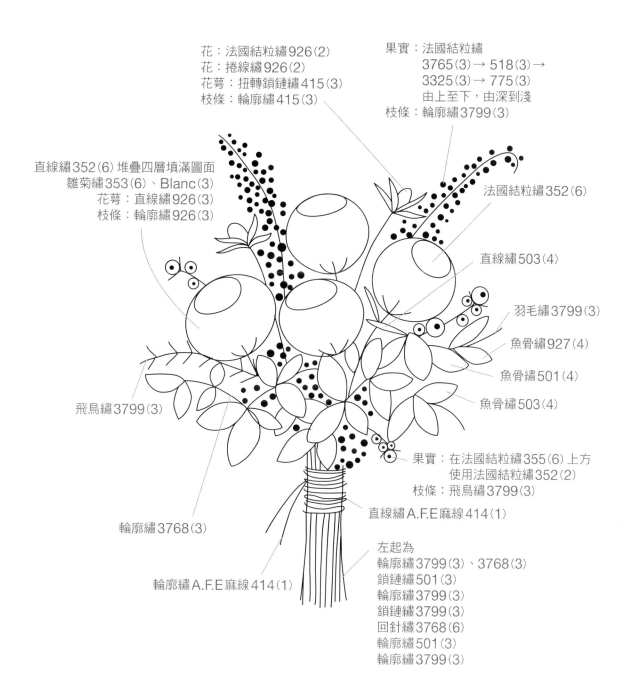

花：法國結粒繡 926（2）
花：捲線繡 926（2）
花萼：扭轉鎖鏈繡 415（3）
枝條：輪廓繡 415（3）

果實：法國結粒繡
3765（3）→ 518（3）→
3325（3）→ 775（3）
由上至下，由深到淺
枝條：輪廓繡 3799（3）

直線繡 352（6）堆疊四層填滿圖面
雛菊繡 353（6）、Blanc（3）
花萼：直線繡 926（3）
枝條：輪廓繡 926（3）

法國結粒繡 352（6）

直線繡 503（4）

羽毛繡 3799（3）

魚骨繡 927（4）

魚骨繡 501（4）

魚骨繡 503（4）

飛鳥繡 3799（3）

果實：在法國結粒繡 355（6）上方
使用法國結粒繡 352（2）
枝條：飛鳥繡 3799（3）

直線繡 A.F.E 麻線 414（1）

輪廓繡 3768（3）

左起為
輪廓繡 3799（3）、3768（3）
鎖鏈繡 501（3）
輪廓繡 3799（3）
鎖鏈繡 3799（3）
回針繡 3768（6）
輪廓繡 501（3）
輪廓繡 3799（3）

輪廓繡 A.F.E 麻線 414（1）

台灣廣廈 國際出版集團
Taiwan Mansion International Group

國家圖書館出版品預行編目（CIP）資料

我的第一本擬真花草刺繡：超立體！50種必學針法×31款人
氣繡花，零基礎也能繡出結合異素材的浪漫花藝作品 / 李姬洙
著；張雅眉翻譯. -- 初版. -- 新北市：蘋果屋，2019.12
　面； 公分
ISBN 978-986-98118-3-5(平裝)

1.刺繡 2.手工藝

426.2　　　　　　　　　　　　　　　　108016360

蘋果屋
APPLE HOUSE

我的第一本擬真花草刺繡
超立體！50種必學針法×31款人氣繡花，零基礎也能繡出結合異素材的浪漫花藝作品

作　　者／李姬洙	編輯中心編輯長／張秀環・編輯／周宜珊
翻　　譯／張雅眉	封面設計／張家綺・內頁設計／何偉凱
	內頁排版／菩薩蠻數位文化有限公司
	製版・印刷・裝訂／東豪・弼聖・秉成

行企研發中心總監／陳冠蒨　　　　線上學習中心總監／陳冠蒨
媒體公關組／陳柔彣　　　　　　　數位營運組／顏佑婷
綜合業務組／何欣穎　　　　　　　企製開發組／江季珊、張哲剛

發 行 人／江媛珍
法 律 顧 問／第一國際法律事務所 余淑杏律師・北辰著作權事務所 蕭雄淋律師
出　　　版／台灣廣廈有聲圖書有限公司
　　　　　　地址：新北市235中和區中山路二段359巷7號2樓
　　　　　　電話：（886）2-2225-5777・傳真：（886）2-2225-8052

代理印務・全球總經銷／知遠文化事業有限公司
　　　　　　地址：新北市222深坑區北深路三段155巷25號5樓
　　　　　　電話：（886）2-2664-8800・傳真：（886）2-2664-8801
郵 政 劃 撥／劃撥帳號：18836722
　　　　　　劃撥戶名：知遠文化事業有限公司（※單次購書金額未滿1000元需另付郵資70元。）

■出版日期：2019年12月　　　■初版3刷：2023年12月
ISBN：978-986-98118-3-5

蝴蝶結芍藥花束
P216

浪漫珍珠花
P122